今日からモノ知りシリーズ

トコトンやさしい

歯車の本

私たちの身の回りには、数多くの歯車が活躍しています。大きな歯車は船舶や風力発電などで、小さい歯車は時計や携帯電話などで欠かせない部品です。「歯車が狂った‥」のたとえにあるように、歯車は正確に動いてくれないと困る機械要素の1つです。

門田和雄

B&Tブックス
日刊工業新聞社

はじめに

歯車は機械の動くしくみを設計するときに欠かすことができない代表的な機械要素です。滑らかにかみ合う歯車の形状は、複雑な幾何学を用いて、多くの人々によって研究されてきました。また、理論的にかみ合う歯車を製作するための工作機械の開発も、多くの研究の成果として実現されてきました。そして、現在では平《ひら》歯車、はすば歯車、ウォームギヤなど、いくつかの歯車が定番として流通しています。一方で、現在でも動力伝達を強く滑らかに伝えるために、歯車の研究開発は進められています。

1章では「歯車の世界―五円硬貨から国旗まで」として、身近な歯車の話題を取り上げます。五円硬貨に歯車が描かれていることや、国旗・国章に歯車が用いられている国があることをご存知でしょうか。

2章では「歯車の改良と誕生の歴史」として、歯車の起源となる摩擦車やダ・ヴィンチが残した歯車のスケッチ、インボリュート歯車などの歯形の歴史、また日本の技術史のなかで、指南車《しなんしゃ》や和時計に用いられていた歯車をたどります。歯車がどのように生まれ、どのように工夫や改良がされてきたのかがわかるはずです。

3章では「歯車にはどんな種類があるの?」として、歯車の各部名称や歯車がかみ合う条件、平歯車やはすば歯車などの分類などを行い、機械工学の中で歯車を学ぶ基礎事項を身に付けます。今後、本格的に歯車を学んでいくための第一歩になる章です。

4章では「動きと力を伝える歯車のしくみ」として、速度伝達比や減速歯車装置、歯車を組み合わせた各種の歯車装置を取り上げます。歯車を組み合わせることで、どのような動きを作り出すことができるのかを学んでほしいと思います。

5章では「歯車を動かすための設計法」として、歯の曲げ強さや歯面強さなどの歯車の強度設計、また減速歯車装置の設計など、機械設計としての歯車を取り上げます。機械設計においても重要な役割を果たしている歯車の役割を理解してほしいと思います。

6章では「実際の歯車を作ってみよう」として、複雑な形状をした歯車はどのような方法で加工されているのかについて、実際の歯車工場の見学場面なども盛り込んで紹介します。また、歯車の摩耗と損傷、歯車の測定など、歯車を健全に保つためのいろいろについても紹介します。実際の歯車がどのような工作機械で加工されているのかを学ぶことで、より歯車を身近に感じることができるようになるはずです。

歯車に何となく興味があるということで本書を手にした方には、本書を読むことで歯車に関する事項を幅広く理解でき、一生分の知識が得られるはずです。一方、これから機械設計で歯車を学んでいこうとする方には、本書を読むことで歯車に親しみをもってその概要を理解できるようになり、今後数式が並んだ書籍を読んでいくための十分な心構えが身につくはずです。

いずれにしろ、私たちの身の回りで毎日フル回転している歯車という機械要素に興味をもっていただき、その役割を理解していただければ嬉しいです。

2013年4月

門田和雄

トコトンやさしい歯車の本

目次

目次 CONTENTS

第1章 歯車の世界 ―五円硬貨から国旗まで―

第2章 歯車の誕生と改良の歴史

第3章
歯車にはどんな種類があるの？

第6章 実際に歯車を作ってみよう

第1章

歯車の世界
―五円硬貨から国旗まで―

1 歯車とは

回転運動を伝える歯の車

機械にはさまざまに動く部品があり、これらのメカニズムが有用にはたらくことで、何らかの役にたつ仕事をしてくれます。そして、そのメカニズムを観察してみると、多くの場合、グルグルと回転する歯車が用いられていることがわかります。歯車には大きさ、形状、材質の違いなどにより、数多くの種類があります。

歯車とは、円筒や円錐などの周縁に歯を刻んだものであり、歯と歯を対にしてかみ合わせることにより、回転運動を確実に伝える機械要素です。日本工業規格（JIS）では「歯を順次かみ合わせることによって運動を他に伝え、又は他から受け取るように設計された歯を設けた部品」と定義されています。

回転運動を通して確実に動力を伝達する歯車がきちんとかみ合うこと、かみ合わないことを用いた言葉は日常的にもよく用いられています。たとえば、組織などで1つのことを進めようとするときに、それぞれの部分がうまく連動して活動しなかったり、ぎくしゃくすることを「歯車がかみ合わない」、どこかにくい違いが生じて、順調に進んでいたことがうまくいかなくなることを「歯車が狂う」と表現します。また、ある組織を動かしているしくみやその要員のことを歯車にたとえて、「社会の歯車に組み込まれる」などといわれることもあります。このような表現があることからも、歯車が私たちになじみのあるものであることがわかります。

歯車の英語表記はgearであるため、歯車のことを「ギヤ、ギア、ギヤー」などと表記することもあり、どれが正しい表記なのか迷うところですが、JISでは「ギヤ」が用いられています。なお、gearには特定の用途に用いる用具という意味もあり、トレーニング・ギア、ランジング・ギアなどと表記されますが、この場合には「ギア」が用いられることが多いようです。

要点BOX
- ●歯車は種類が多い
- ●歯車はきちんとかみ合うこと
- ●歯車は日常表現でよく用いられる

機械部品に幅広く用いられている歯車

JISによる歯車の定義

「歯を順次かみ合わせることによって運動を他に伝え、
又は他から受け取るように設計された歯を設けた部品」

「歯車がかみ合わない」
「歯車が狂う」
「社会の歯車に組み込まれる」

歯車は日常表現でもよく用いられます。ただし、あまりよい意味でないことが多いような ....

英語ではgear（ギヤ）

トレーニング・ギヤやランニング・ギヤも同じ「gear」です。

2 歯車のはたらき

2枚を組み合わせて1つのはたらき

歯車は1枚だけでは意味がありません。2枚を組み合わせて初めてその力が発揮されます。また、歯車には大きく分けて2つの役割があります。1つは回転を一方から他方へ伝えることです。ここで回転を伝える側の歯車を駆動歯車、伝えられる側の歯車を被動歯車といいます。かみ合う2枚の歯車が同じ大きさのとき、伝達する回転方向は逆方向になりますが、回転速度は同じです。次にかみ合う2枚の歯車の大きさが異なる場合を考えてみましょう。駆動歯車の方が被動歯車よりも小さい場合、被動歯車の回転速度は小さくなります。一方でこのとき、回転力であるトルクは大きくなります。また、駆動歯車の方が大きくなります。このとき、回転力であるトルクは小さくなります。ここでトルクが大きいとは、もし手で回転を止めようとしたときに手にかかる力が大きく感じられて止めにくいことを表し、トルクが小さいとは手にかかる力が小さく感じられて止めやすいことを表しています。さらに、歯車にはハンドルやつまみを回転させながら位置決めをするはたらきもあります。

なお、回転速度のSI単位には1分間あたりの回転数である〔min^{-1}〕が多く用いられます。また、1秒間あたりの回転数である〔s^{-1}〕が用いられることもあります。一方、SI単位ではありませんが、1分間あたりの回転数である〔rpm〕も日本の計量法で認められているため、実用的には多く用いられています。

また、回転速度が駆動歯車の回転速度がn_1=300〔min^{-1}〕被動歯車の回転速度がn_2 = 100〔min^{-1}〕のとき、速度伝達$i = n_1/n_2 = 300/100 = 3$となり、速度伝達比は3といいます。

以上のように、歯車のはたらきには①回転を伝える、②動力を伝える、③位置決めをする、という3つの大きなはたらきがあります。

要点BOX

●歯車は回転を伝える
●歯車は動力を伝える
●歯車は位置決めをする

歯車のはたらき

動力伝達のしくみ ▶ 回転運動を伝える ▶ 回転運動を別の運動に変える

速度伝達比 $i=3$	速度伝達比 $i=1/3$
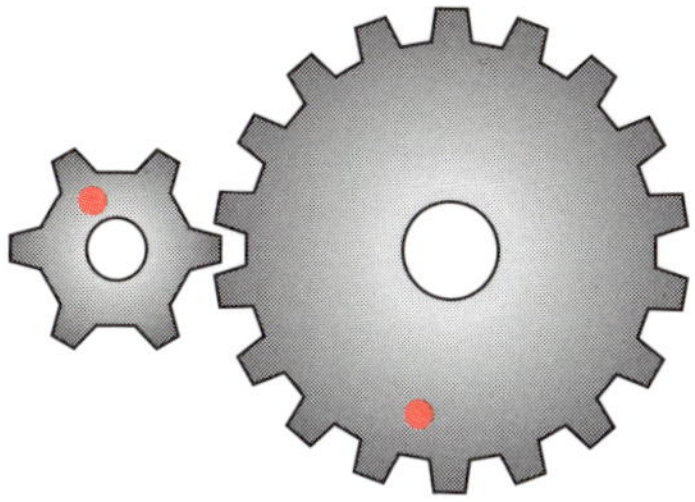	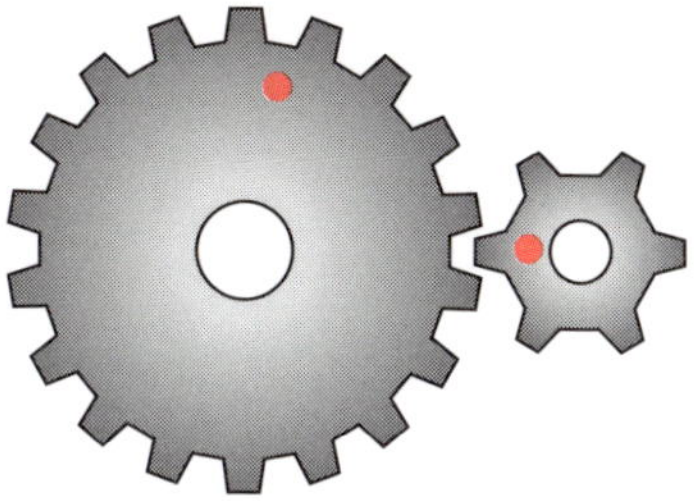
駆動側　従動側	駆動側　従動側
回転速度は小さい トルクは大きい	回転速度は大きい トルクは小さい

回転運動を考えるときには、
回転速度とトルクの関係に注目する

↓

歯車の歯数を変えることで、
これらの関係を変更することができる

3 大きい歯車

原動機の動力を伝えるために

歯車の大きな動力を伝えるためには、大きな歯車が必要なように思えます。ところで、そもそも歯車は何の力によって駆動されているのでしょうか。どんな機械にも動力を生み出す源があり、これを原動機といいます。原動機とは、自然界に存在するさまざまなエネルギーを機械的な仕事（力学的エネルギー）に変換する機械や装置の総称のことです。具体的には蒸気機関や蒸気タービンなどの外燃機関、ガソリン機関やガスタービン機関などの内燃機関などの熱機関、水車や風車、油圧・空気圧機器などの流体機械、各種の電動機（モータ）などがあります。そして、これらの原動機からの動力を別の場所に伝えるときに歯車が用いられます。

機械の中に組み込まれて動いている歯車を直接観察することはなかなかできませんが、大きな動力を伝えるために大きな歯車が用いられている機械には、次のようなものがあり、これらの中には直径が数メートルに及ぶものもあります。

建設機械の減速機や旋回部、船舶用や発電用の蒸気タービンの減速機、風力発電設備の増速機や旋回部、製鉄機械などには特に大きな直径の歯車が用いられています。これらよりやや小さな中形の歯車が用いられるものとして、航空機、自動車、鉄道、産業用ロボット、エレベータなどがあげられます。

なお、これらに用いられる中形・大形の歯車のほとんどは規格品ではなく、その機械に応じて設計された特注品です。すなわち、設計者は歯車の形状に関するあらゆることを考慮に入れて歯車の設計を行うことになります。もちろん、歯形に関する事項に関しては、歯車同士が滑らかにかみ合うように規格が定められていますので、それらを守る必要があります。ところで、直径が1メートル以上もある歯車をどのようにして製造しているのかなども気になるところです。

要点BOX
●歯車原動機からの動力を伝える
●大きな動力を伝える大きな歯車
●機械に応じて設計される大きな歯車

幕末に築造された現存最初期の近代造船設備

長崎市にある小菅修船場跡の曳揚げ装置には、英国から輸入のボイラ、竪型2気筒25馬力の蒸気機関、歯車による曳揚げ装置が設置されている。歯車直径が最大3.15メートル、最小が0.5メートル、おおよそ4段の組み合わせで、約80分の1の減速比をもつ。1868(明治元)年に完成。日本機械学会「機械遺産」機械遺産 第1号。

大きい歯車が用いられているもの

建設機械

風力発電

船舶

4 小さい歯車

精密なかみ合いで位置決めを

金属製の小形歯車の大きさは直径が10～20ミリ程度のものです。これらの用途は幅広く、ありとあらゆる機械製品に組み込まれているといえます。具体的には、電子機器、医療機器、ゲーム機、自動販売機、自動車部品、航空機部品などの駆動部に使用される減速機の部分に用いられています。

近年、従来から小形歯車が用いられてきた時計のほか、携帯電話やデジタルカメラのように超小型で精密な歯車のニーズが高まっており、直径が10ミリ以下の歯車もあります。この小形歯車の材質は金属製のほかに、樹脂製も多く用いられています。これらの小さい歯車に求められることは、大きい歯車のように大きな動力を伝えることではなく、コンパクトな減速装置としての役割や精密な位置決め精度などです。

なお、小さな歯車は強度の面で心配だと思われるかもしれませんが、樹脂にもいろいろな種類があり、中でもPC（ポリカーボネート）やPOM（ポリアセタール）などのエンジニアリングプラスチック（略してエンプラ）は耐摩耗性に優れ、軽量でさびることがなく、金属製の歯車よりも静粛性に優れており、複雑な形状も精度良く成形加工できるため大量生産に適するという特長があります。さらにエンプラを上回る機械的強度をもつスーパーエンジニアプラスチックのPEEK（ポリエーテルエーテルケトン）やMCナイロンなどは特に耐熱性や高温時の機械的強度に優れています。

実は歯車にはもっと小さなものが存在しています。現在、世界で一番小さい歯車は直径が0・149ミリ、質量が100万分の1グラムの樹脂製であり、これはギネスブックにも掲載されています。そして、この歯車を開発したのは愛知県にあるプラスチック射出成形の技術をもつ株式会社・樹研工業です。この肉眼では見えない歯車は現在までのところ需要はなく、同社の技術力を裏付ける宣伝材料となっています。

要点BOX
●あらゆる機械に組み込まれている小形歯車
●ニーズ高まる超精密小形歯車
●耐摩耗性に優れるエンプラ歯車

小さな歯車が用いられている代表は時計

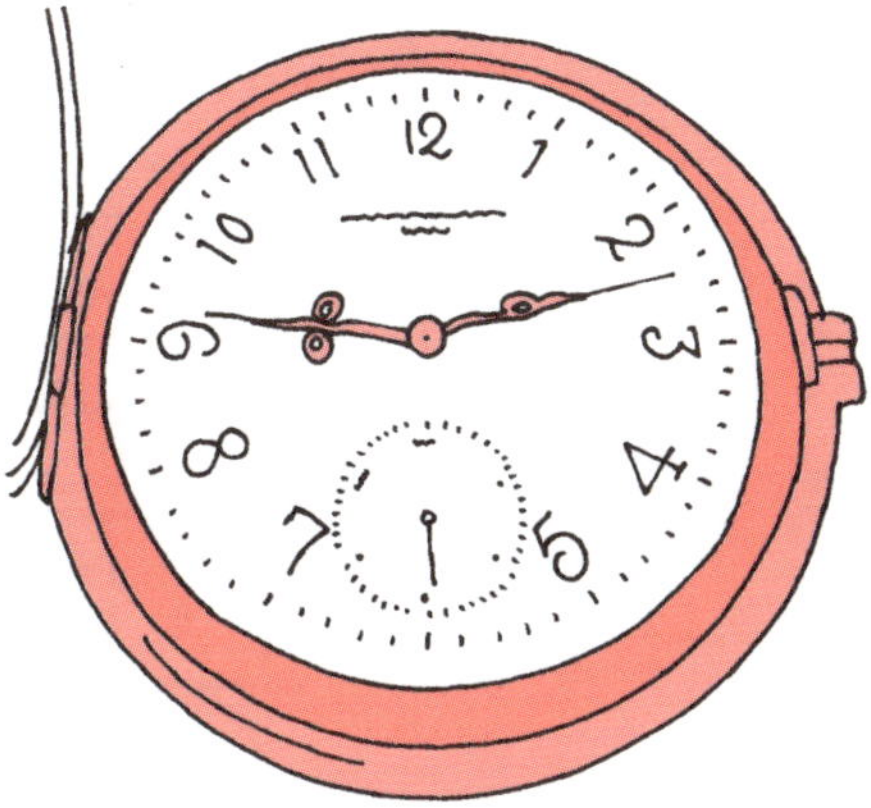

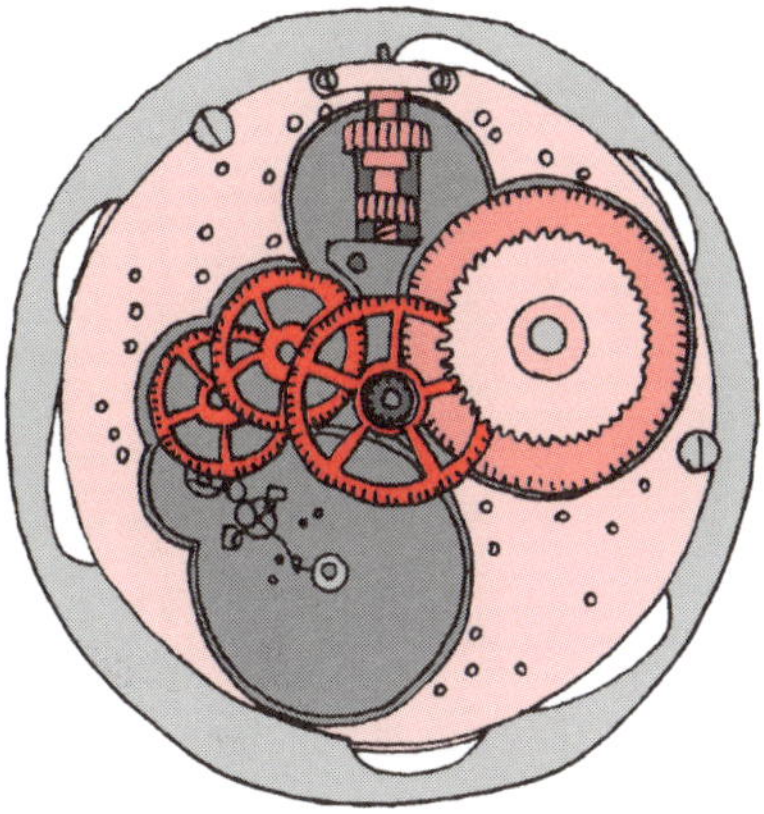

小さい歯車が用いられているもの

デジタルカメラ

携帯電話

ゲーム機

5

五円硬貨に描かれている歯車

工業の象徴としてデザインされた歯車

　現在流通している五円硬貨は、戦後間もない昭和24年から発行され続けています。五円硬貨の表面には、稲穂の茎が3本描かれており、中央の茎に穂の粒が描かれていることはよく知られていますが、歯車が描かれていることをご存知でしょうか。五円硬貨の中心の穴のまわりをよく見ると、歯数が16個ある歯車の模様が描かれていることがわかります。稲穂が「農業」を表しているのに対して、歯車は「工業」を表してのデザインだそうです。さらに詳しく見てみると、稲穂の下には水面を表した横線が描かれており、これは「水産業（漁業）」を表しています。また、裏面に描かれている双葉は木を育てる「林業」を表しています。

　また、「農業」「工業」「水産業（漁業）」「林業」に加えて、硬貨を扱う「商業」の5つの要素にご縁（五円）をかけたという説もあるようです。いずれにしても、戦後の日本が焼け野原から復興して、黄金色に輝いていくという期待を込めたデザインだといえるでしょう。

　なお、五円硬貨の原料である銅と亜鉛の合金である黄銅は実際に戦争の兵器として使われていた大量の大砲の薬莢《やくきょう》を潰して再利用しました。なお、五円硬貨に穴があいている理由は、戦後の急激なインフレのため貨幣の材料を節約する必要があったためです。

　五円硬貨のデザインは、1949（昭和24）年の発行以来、変わってはいませんが、1959（昭和34）年に日本国の「國」の字を「国」に改め、「五円」の書体も楷書体からゴシック体に変更されました。この旧五円硬貨は「フデ五」と呼ばれコレクターもいるそうです。

　他の硬貨はデザイン更新のときにアラビア数字を取り入れましたが、五円硬貨だけは漢数字のままのデザインなのは、これらの意匠に込められた想いを変えずに残そうという意図があるとも言われています。そんな五円硬貨に工業の象徴としてデザインされた歯車は今後も工業を支えながら回転を続けることでしょう。

要点BOX

- 五円硬貨に描かれている歯車の歯数は16個
- 戦後いろいろな思いを背負った五円硬貨
- 五円硬貨の歯車は工業の象徴

五円硬貨のデザイン

ゴシック体
発行開始 1959 年（昭和 34 年）

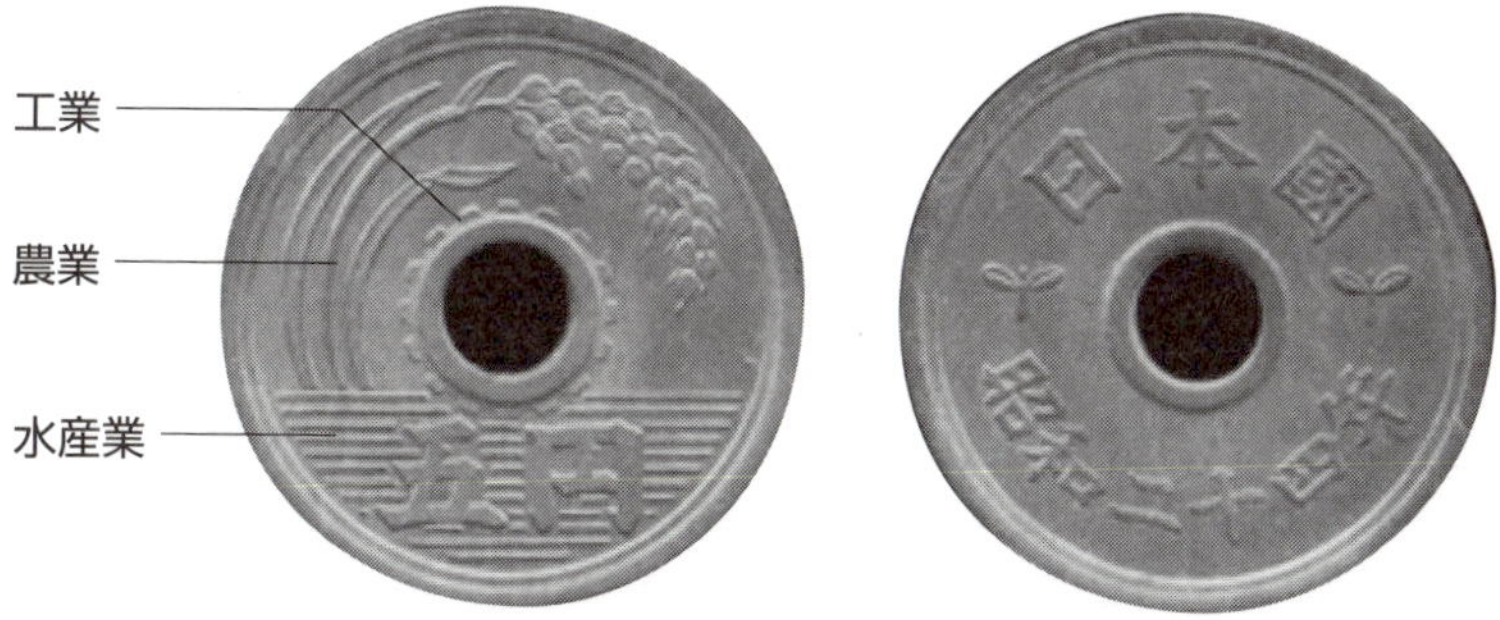
工業
農業
水産業

楷書体
発行開始 1949 年（昭和 24 年）

素材： **黄銅**
品位： **銅** 60−70%
　　　亜鉛 40−50%
量目： 3.75 グラム
直径： 22 ミリメートル
孔径： 5 ミリメートル

五円硬貨のデザインには深い意味が込められているのですね。

　電子マネーの普及などに伴い、五円硬貨をはじめとする硬貨の流通量は減少している

6 国章や国旗に描かれた歯車

歯車は労働による生産活動の象徴

　イタリア共和国の国章は、赤で縁取りした国家の守りとしての意味をもつ白い五芒星《ごぼうせい》を、5つのスポークがある歯車の上に配し、その向かって左にオリーブの枝を、向かって右にオークの枝が配置されています。星の背後に描かれている鋼の歯車は『労働の生産活動』の象徴であり、イタリア国家憲法第一条『イタリアは、労働に基づく民主制共和国である』を表しています。

　中華人民共和国の国章は、中国共産党の指導の下における人民の大団結を象徴する5つの星が天安門を照らしており、そのまわりには麦穂と歯車が配置されています。

　ベトナム社会主義共和国の国章は、赤い地に黄色い星を掲げたデザインであり、中国の国章とよく似ています。稲と歯車は同じく共産主義における農業と工業の協力を表しています。この国章はベトナムのすべての紙幣と硬貨にも描かれています。

　アンゴラ共和国は国章と国旗に歯車が描かれています。国章は中央にマチェーテと呼ばれる刃物と鍬《くわ》、そして進歩を象徴する星が描かれており、そのまわりには労働者を表す歯車と農業を表すコーヒーの葉が配置されています。

　国旗は赤と黒の横二分割旗の中央に黄色の歯車とマチェーテと星がデザインされています。ここで赤は独立闘争で流された血、黒はアフリカ大陸、黄色は国の富を表しており、同じく歯車は労働者と工業生産を表しています。

　このように歯車は工業や労働者の象徴として、各国の国章や国旗などにも描かれている重要な機械要素であることがわかります。なお、どのような機械にも組み込まれている機械要素には、歯車のほか、ベルトやチェーン、軸、軸受、軸継手、ねじ、ばねなどがあり、いずれもそれぞれの機械の中で重要な役割を担っています。

要点BOX
- ●イタリア共和国の国章にある歯車
- ●中華人民共和国の国章にも歯車が
- ●ベトナム、アンゴラでも歯車を描く

各国の国章

イタリアの国章

中国の国章

ベトナムの国章

アンゴラの国章

アンゴラの国旗

7 チャップリンが描いた歯車

モダン・タイムスは喜劇映画の代表作

歯車が登場する有名な映画に、チャーリー・チャップリンが監督・製作・脚本・作曲を担当した、彼の代表作の1つでもある『モダン・タイムス』があります。これは1936年に公開されたサイレント（無声）のアメリカ映画です。この映画の主人公であるチャーリーはオートメーション化された工場の工員であり、ベルトコンベアで運ばれるねじを締める単純作業を続けるうちに、手を休めることができなくなり、狂人だと思われて病院に入院させられてしまいます。

チャーリーが回転している大きな機械の歯車に巻き込まれてしまう代表的なシーンは、社長がベルトコンベアのスピードアップを指令し、その猛スピードに人間の労働リズムを狂わせられた結果の出来事なのです。

退院後は仕事を失い、あてもなく街をさまよっていると、今度はデモ隊のリーダーと間違えられて刑務所に入れられてしまいます。釈放後、造船所で仕事を見つけますが、未完成の船を沈めてしまい、浮浪者の娘と一緒に逃亡します。そして、チャーリーと娘は川岸に空き家を見つけて一緒に住みながら、最後に二人は現代社会の冷たさと束縛に囚《とら》われない自由な生活を求め、旅立っていくというストーリーです。

タイトルの「モダンタイムス」とは「近代・現代」の意味であり、資本主義社会を生きているうえで、人間の尊厳が失われ、機械の一部分のようになっている人々の姿を面白おかしく描きながら、機械化時代への警告と風刺を込めて笑いで表現しています。

このような生産方式は、個人の仕事の各要素を科学的に分析し、仕事を最も能率的に遂行できる唯一最善の方法を考案することなどを提唱した科学的管理法のフレデリック・テイラーや、極度の分業と標準化が単調な作業を反復して行うことを労働者に要求し、労働の非人間化という問題を引き起こすこととなる、T型車大量生産ラインのヘンリー・フォードによるものです。

要点BOX
- ●モダン・タイムスに出てくる歯車
- ●人間性の喪失と復活を象徴
- ●大量生産ラインの問題点を指摘

チャップリンの代表作『モダン・タイムス』

社長がベルトコンベアのスピードアップを指令した結果、そのスピードに追いつくことができず、機械の歯車に巻き込まれてしまう

フレデリック・テイラー
(1856〜1915)

ヘンリーフォード
(1863〜1947)

用語解説

テイラー：生産工程における各作業にかかる時間をストップウオッチで計測し、標準的作業時間を算出するなどの科学的管理法で知られている。

フォード：製品の標準化、部品の規格化、流れ作業による製造工程とベルトコンベア方式の採用などによる自動車の大量生産方式を確立した。T型フォードは世界中で1500万台以上生産される。

8 歯車の工業規格

日本工業規格で規定されている歯車

日本工業規格（JIS）は、わが国の工業標準化の促進を目的とする工業標準化法（昭和24年）に基づき制定される国家規格であり、生産におけるコストの低減、取引の単純公正化、使用・消費の合理化などに重要な役割を果たしています。現在、1万件以上あるJISが、適正な内容を維持するために、それぞれ原則として5年以内に見直しが行われ、確認、改正または廃止の手続きが取られるとともに、新たなニーズに即したものが制定されています。

歯車やねじ、軸受、ばねなどの機械要素もここで規定されており、歯車に関する規格はJISハンドブックの機械要素にまとめられており、毎年、日本規格協会から発行されています。

国際標準化機構（ISO）は、国際的に通用させる規格や標準類を制定するための国際機関です。歯車やねじなどの機械要素は日本国内だけで流通しているのではなく、世界各国で流通しているため、JISとISOは一致させる方向に向かっていますが、各国ごとに慣習的に用いられてきた形状や寸法などもあるため、実際にはすべてをすぐに一致させることができないものもあります。

歯車を専門とした団体として、日本歯車工業会（JGMA）があります。JGMAは、日本国内の歯車工業を代表する随一の団体として、日本の歯車および歯車装置工業の技術水準の向上ならびに設備および経営の合理化を推進することにより、その健全な発展を図り、もってわが国経済の発展に寄与することを目的として、1938（昭和13年）4月に設立されました。ここでは、規格化、標準化活動として、歯車に関する規格の改訂・制定、JISの改定・制定への審査、原案作成、また国際標準化「ISO／TC60（歯車）国際規格」への対応などを行うとともに、歯車工業の経営の合理化に関する研究並びに調査なども実施しています。

要点BOX
●日本工業規格　JIS
●国際標準化規格　ISO
●歯車工業会団体規格　JGMA

歯車の工業規格

JISマーク（鉱工業品）

ISOマーク

JISハンドブック　機械要素

JGMAのマーク

歯車に関する規格は、JISハンドブックの機械要素にまとめられている

どの工場で製造してもきちんとかみ合う歯車を作るためには、規格は必ず必要になります。もちろんそれは、日本国内だけでなく、国際的に統一される必要がありますね。

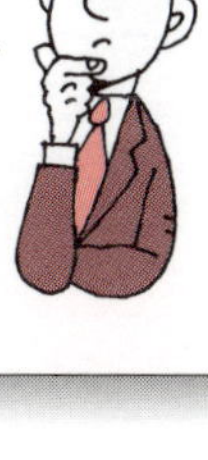

Column

歯車の小説

労働による生産活動の象徴として、いくつかの国の国旗や国章にも描かれている歯車は、小説の題材としてもとりあげられています。

「羅生門」や「蜘蛛《くも》の糸」などの作品で有名な芥川龍之介は、晩年の1927(昭和2)年に「歯車」というタイトルの私小説を発表しています。この小説の中では、奇妙な幻影におびえ戸惑《とまど》い、自分が狂っているのではないかと悩み死へと向かっていく一人の男の姿が描かれています。

その中で、主人公の視界には歯車が出現して回り出し、頭痛に襲われるのです。芥川はこの小説を書いてまもなく服毒自殺を図るのですが、この歯車が見える症状は実際に彼が病状だったとされています。

医学ではこの例のように、突然視野の中央付近にまるで太陽を直接目にした後の残像のような黒いキラキラした点が現れる偏頭痛の前兆の症状を、閃輝暗点(せんきあんてん)と呼んでいます。

最近では、秋田禎信《あきたよしのぶ》が2010年に発表した小説「機械の仮病(文藝春秋)」の中で、体内器官の一部が突然、歯車やねじといった機械の部品へ置き換わるという現代の奇病「機械化病」をめぐって起きた不思議な事件を扱っています。

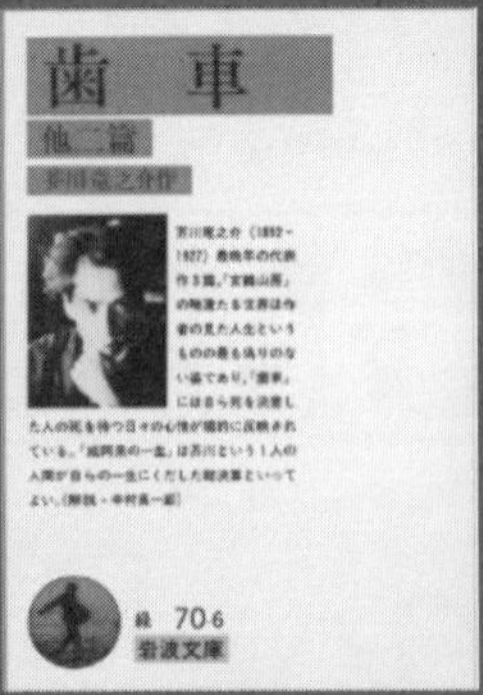

第2章
歯車の誕生と改良の歴史

9 歯車の起源は摩擦車

表面の摩擦を利用して伝動する摩擦車

回転運動が登場するものとして代表的なものは車輪です。車輪は紀元前3000年頃にはすでに用いられていたようで、人間が発明したさまざまなものの中でも重要な発明品の1つとされています。木材を使用して車輪や荷車の製造や修理を行う職人である車大工は19世紀の後半に鉄製の車軸が登場するまで活躍していました。

摩擦車は車輪の表面の摩擦を利用して回転運動を伝動するものです。回転運動を伝動する力を大きくするためには摩擦係数の大きな材料を用いればよいのですが、ある程度より大きな力を伝動しようとすると、滑りは避けられなくなります。そのため、摩擦車は高速・高荷重の伝動には不向きですが、木製でそれほど大きな速度や荷重を扱わない用途としては十分であったため、以前はたくさん用いられていました。

そこで、摩擦車に歯を付けて、回転を確実にする歯車が登場することになります。誰がいつ歯車を発明したのかという記録は存在しておりませんが、ローマ時代にはすでに使われていた説もあります。当時の歯車は木製の円筒車の外周に歯のはたらきをする突起物を取り付けたような形状だと考えられており、その用途は水車動力や織り機などでした。

現在では本格的な機械に摩擦車が用いられることは減っていますが、滑りが問題にならない範囲の摩擦力を利用する摩擦車が存在しています。

シンプルな2枚の円板が外接する摩擦車のほか、円板が内接する摩擦車は、2軸が平行な回転をコンパクトに伝えることができます。V字の溝をつけた円筒をもつ溝付き摩擦車は接触面積を増加させることで伝動力を増加させたものです。

また、2軸が平行でない摩擦車として、外側で接触する外接触摩擦車、内側で接触する内側摩擦車があります。

要点BOX

- 紀元前3000年頃車輪は使われていた
- 回転運動を伝える摩擦車
- 回転を確実に伝えるため歯車が

摩擦車

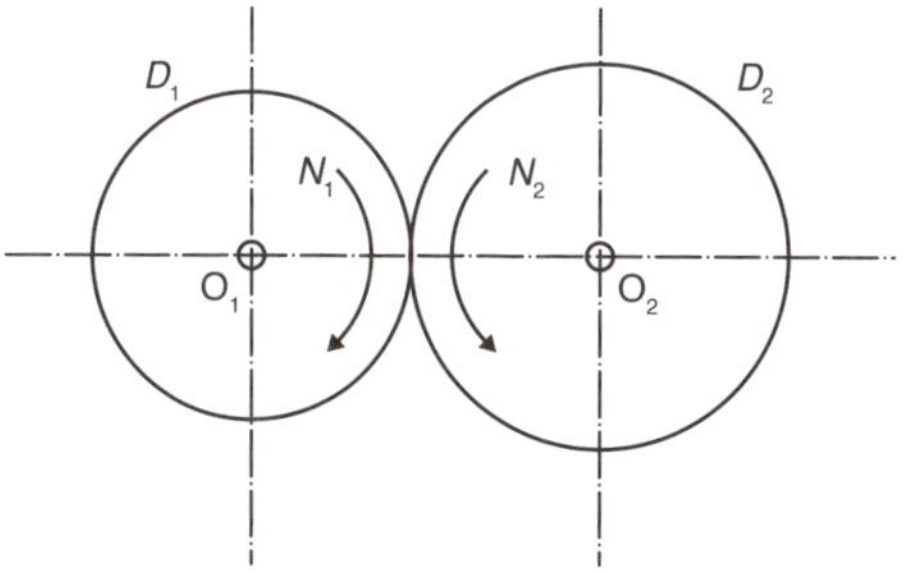

外接

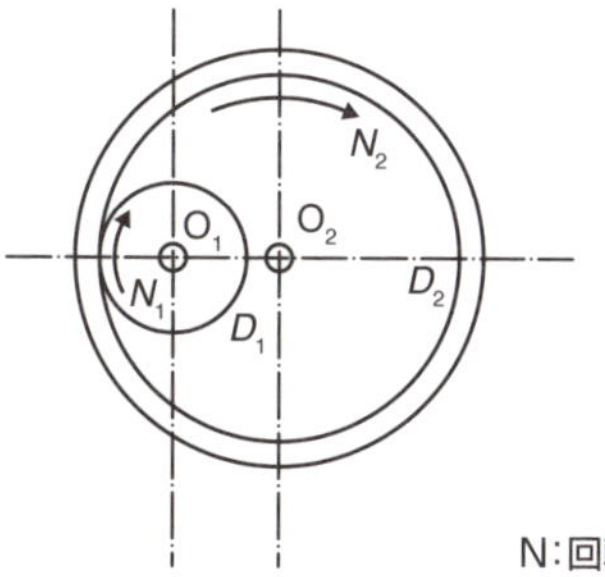

内接

N:回転速度
D:直径

溝付き摩擦車

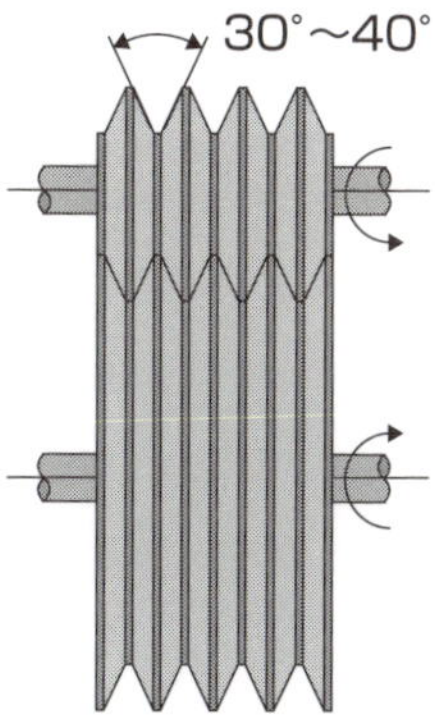

車輪は人類の重要な発明品の
1つとしてあげられる

円すい摩擦車

外側で接触

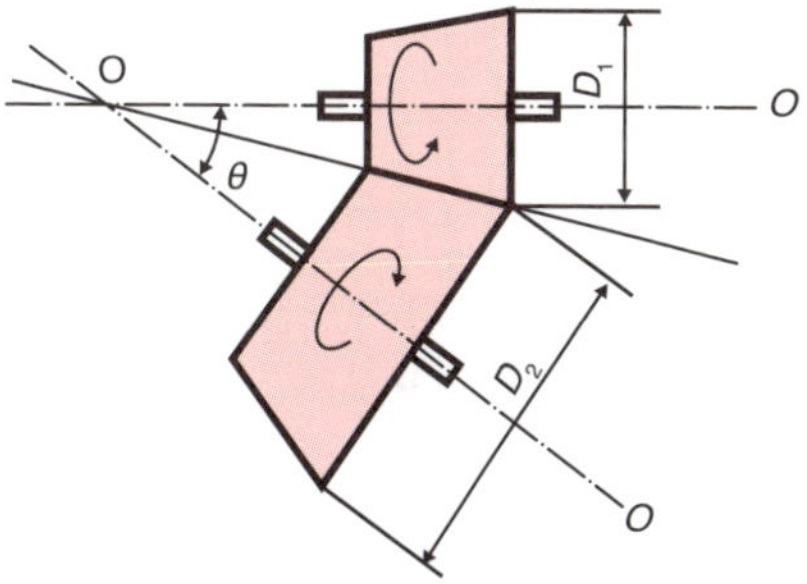

外接触摩擦車

内側で接触

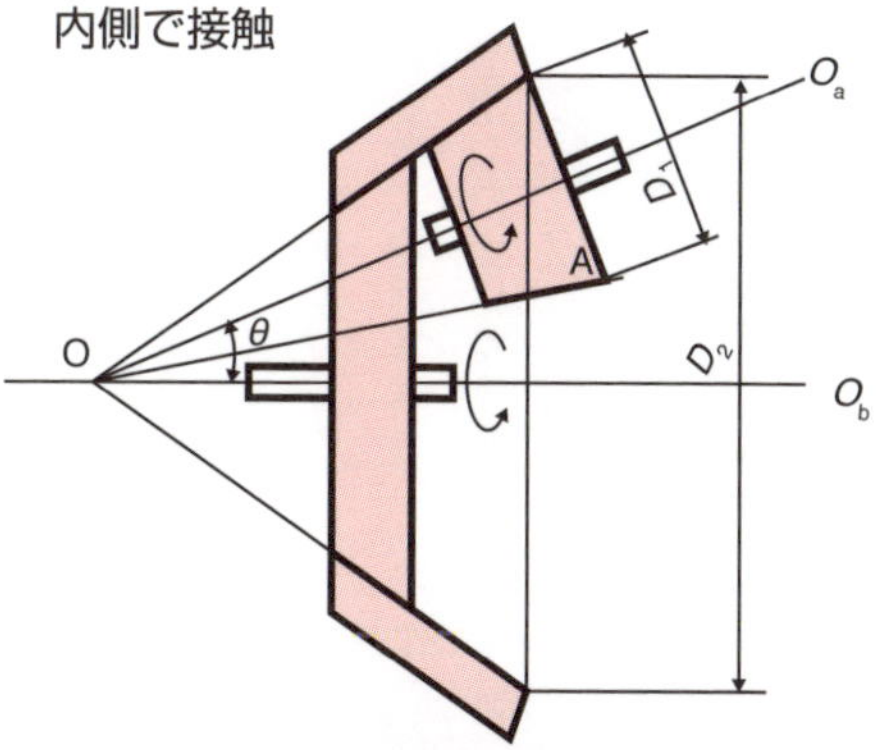

内接触摩擦車

10 中世の機械時計の歯車

宗教活動から広まった機械時計

13世紀から14世紀頃になると、それまでの日時計や水時計に代わり、西欧各地でおもりによって動く機械時計が登場し、これに歯車が用いられるようになりました。中世を通じて、時計の重要な目的は宗教活動のためであり、大聖堂などに設置されました。この時代の修道僧は優秀な時計職人でもあったのです。中でもイタリアのジョヴァンニ・デ・ドンジは七面体構造で時刻だけでなく、太陽や月などの5つの惑星の動きや宗教的な祭日も表示できる優れた時計を製作したことが知られています。

さらに15世紀になると塔時計が広く普及したため、ますます精密な歯車が求められるようになり、数多くの時計職人が登場しました。スペインの宣教師・フランシスコ・ザビエルが、周防《すおう》(現山口県)の守護大名である大内義隆《おおうちよしたか》に機械式時計を献上したのは1551年であり、これが日本に初めて機械式時計が伝来した年とされています。

この頃、イタリアの物理学者・天文学者・ガリレオ・ガリレイは振り子の脱進機をもつ時計を考案するとともに、振り子は大きく振っても小さく振っても1往復に要する時間は一定であるという振り子の等時性を1581年に発見しました。

また、後に弾性のあるばねの伸びに対して張力が正比例することを示したフックの法則を発表することになるイギリスの物理学者・ロバート・フックはヒゲぜんまいの研究を行い、それが振り子と同じく一定周期で振動することを1654年に発見しています。

さらに1675年、オランダの数学者・物理学者・ホイヘンスは、ロバート・フックが発明した板ばねを改良してヒゲぜんまいを発明し、懐中時計の振子輪用の調整ばねとしました。これにより、懐中時計は非常に正確になり、今まで一日に数時間狂っていたところを十分程度にまで縮めることに成功しました。

要点BOX

- ●歯車は時計とともに進化した
- ●ガリレオ：振り子の等時性を発見
- ●フック：ヒゲぜんまいを発明

ジョヴァンニ・デ・ドンジが製作した時計

ガリレオ・ガリレイが製作した時計

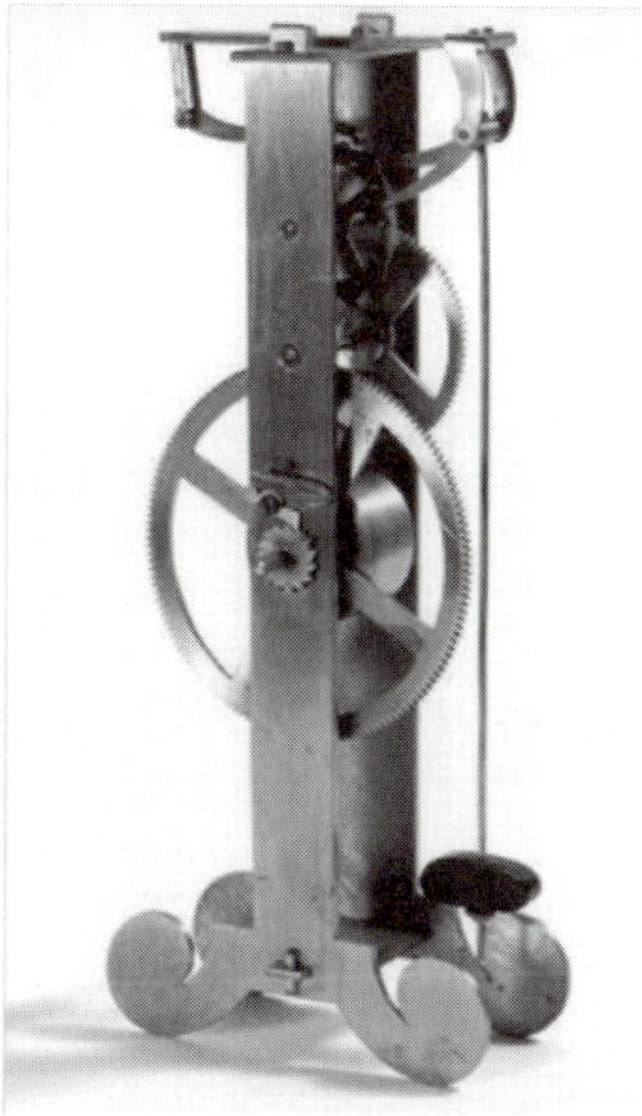

ヒゲぜんまいの発明

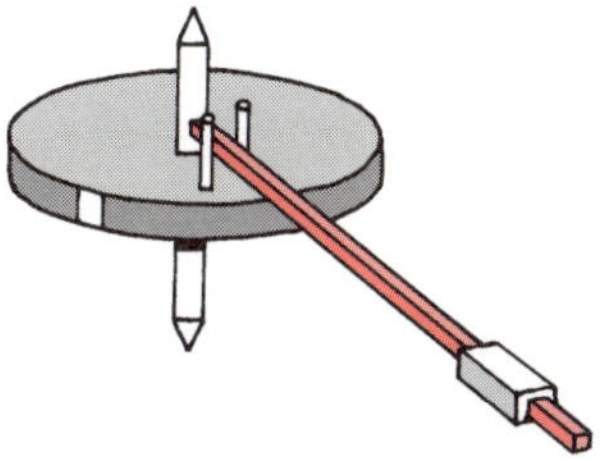

フックによるヒゲぜんまいの発明

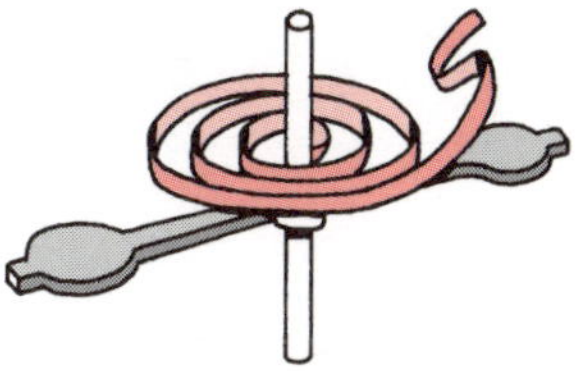

ホイヘンスによる改良
懐中時計の普及につながる

11 ダ・ヴィンチが残した歯車のスケッチ

万能人は歯車やねじなどの機械要素の父

レオナルド・ダ・ヴィンチ（1452〜1519）は、15世紀後半に活躍した万能の天才という異名で知られるイタリアのルネサンス期を代表する芸術家です。『最後の晩餐』や『モナ・リザ』などの絵画、彫刻、建築、土木、および解剖学などでの活躍が知られていますが、彼が残した膨大な数のノートには飛行機のアイデアをはじめ、歯車やねじ、軸受など、機械のメカニズムに関するものも数多く残されています。「自分の芸術を真に理解できるのは数学者だけである」とは、ダ・ヴィンチ自身が残した有名な言葉です。

歯車に関しては平《ひら》歯車だけでなく、当時の加工技術では実現はできなかったであろうと思われる複雑なもののスケッチも含めて、技術史上に特筆されるような成果を残しています。ダ・ヴィンチが残した最も美しい設計図として有名なリフトというタイトルのスケッチには、右側に1つひとつの部品が、左側にそれらを組み立てた形が描かれており、右側のレバーを動かすと、歯車で回転運動に変換され、おもりが持ち上げられるメカニズムが描かれています。彼はねじ切りをする機械のスケッチや軸の摩擦を減らすための転がり軸受のスケッチなども残しており、その後の機械要素の進展に大いに役立ってきたと考えられます。

ダ・ヴィンチは絵を描く前に、被写体となる生物の内部をより知ることによって、絵を美しく真実に近づけようとする目的から、自身でも動物解剖や人体解剖を行い、きわめて詳細に書きこんだ解剖図を多数作成しています。彼が記録した人体および解剖学に関する成果は、時に工学的に表現され、最古のロボット設計との評価も受けています。

また、ダ・ヴィンチが500年前に残したスケッチを元に、彼が考案したさまざまな機械を復元しようという人たちも多く、それらの機構模型を製作することを通して、メカニズムを考案することのおもしろさを学んでいます。

要点BOX

- ダ・ヴィンチが残した歯車のスケッチ
- ダ・ヴィンチのノートはアイデア満載
- ダ・ヴィンチのスケッチの機械を復元

ダ・ヴィンチが残した歯車のスケッチ

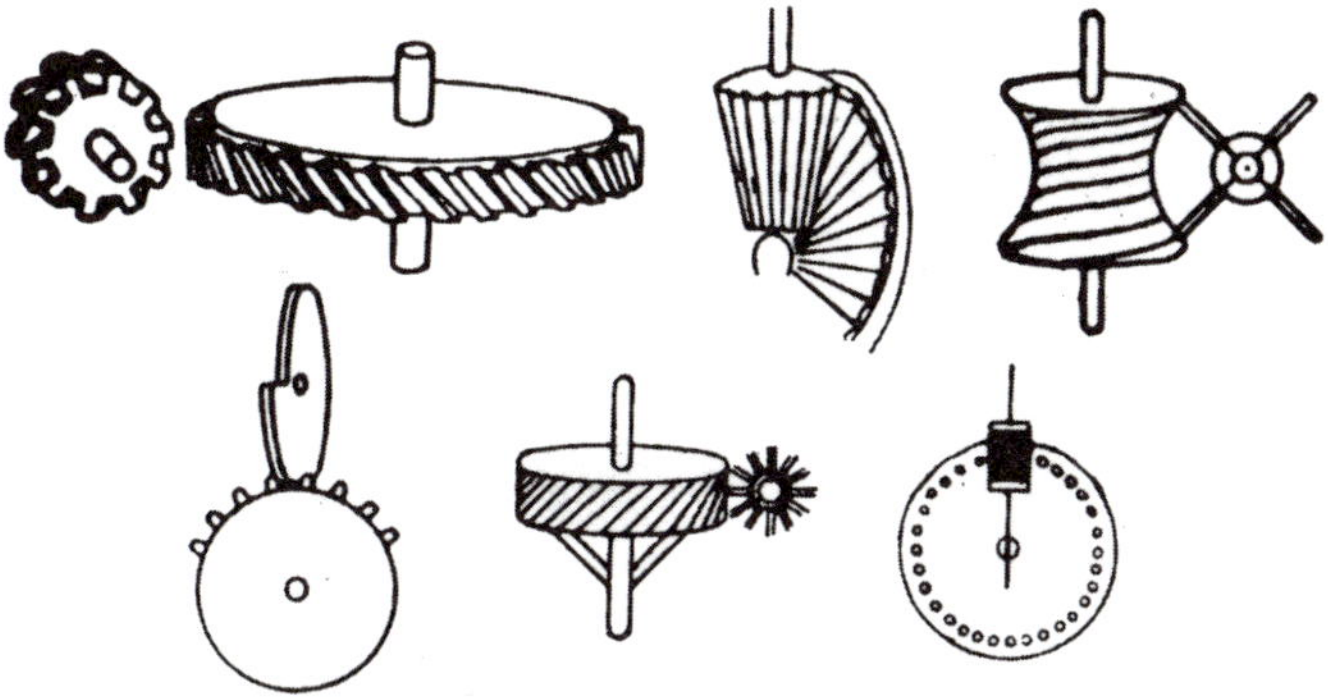

ダ・ヴィンチが残した設計図「リフト」

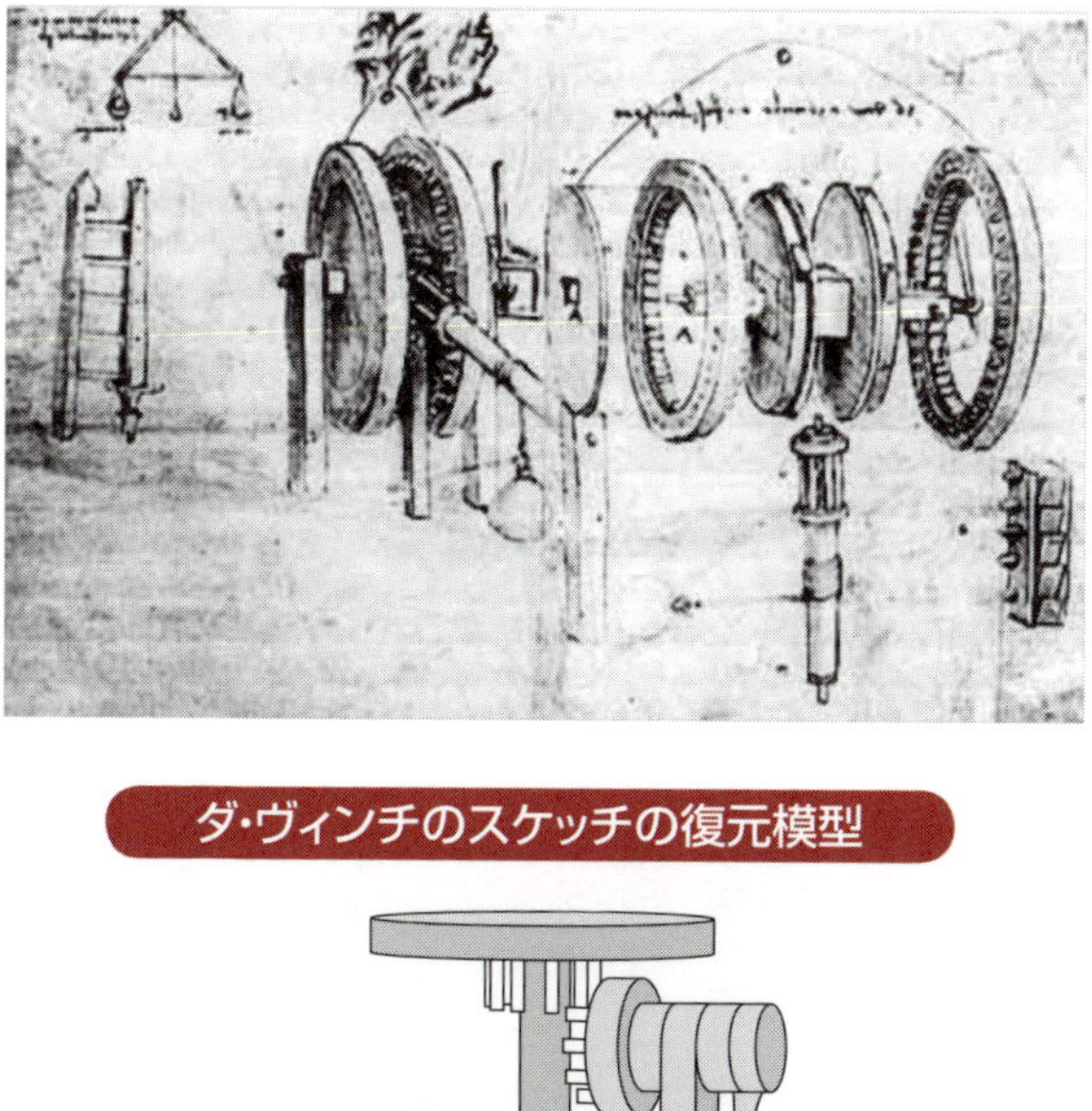

ダ・ヴィンチのスケッチの復元模型

12 鉱山や井戸で活躍した歯車

アグリコラとラメリの活躍

「デ・レ・メタリカ」は、ドイツの鉱山学者であるゲオルク・アグリコラによって、1553年から1550年にかけて書かれた鉱山学・冶金学《やきんがく》を集大成した全12巻の技術書です。章立ては「探鉱の方法」「鉱脈の種類」「鉱区の測量」「鉱脈の開掘」「鉱山での道具」「鉱山の試験」「鉱石の選別から焙焼」「鉱石の熔解」「金属・非金属の分離」から構成されています。原題は「金属について」の意であり、日本では三枝博音《さいぐさひろと》が翻訳し、昭和43(1968)年に出版されています。

序文の中で彼は「私は私が見なかったもの、もしくは信ずべき人から実際に聞かなかったものはすべて叙述から除きました。ですから、私が見なかった、読まなかった、また聞かなかった、さらに試さなかったものは、一切書き込んでおりません」と記しています。

本書では、鉱山・冶金学の学問だけでなく、現場の技術の過程や道具などが正確に美しく描かれており、これには約300枚の木版画を含んでいます。これらの木版画は高い芸術的な価値を持っているだけでなく、当時の生産技術がよくわかる内容です。

そして、その木版画の中には鉱山用の巻上機やポンプに用いられた歯車が描かれているのです。このことから、この時代の機械にはすでに歯車が活躍していたことがわかります。

イタリアの軍事技術者であるアゴスティーノ・ラメリは、1588年に「さまざまな巧妙な機械」を出版しました。この本には製粉機、製材機、揚水機、クレーンをはじめ、軍用橋や投擲《とうてき》装置などの機械などの銅版画が約200枚含まれていました。

本書には社会の需要や要望をはるかに超える多数の発明が存在しましたが、後に何らかの形で実用化されたものもあります。そして、本書にも馬によるミルの駆動装置や井戸の巻き上げ装置などにおいて、歯車が使用されていたことがわかるものが多く残されています。

要点BOX
- ●アグリコラの鉱山学・冶金学に書かれた歯車
- ●ラメリの「さまざまな巧妙な機械」の歯車
- ●16世紀の機械では歯車が活躍

歯車の絵を残した技術者

ゲオルク・アグリコラ

アゴスティーノ・ラメリ

「デ・レ・メタリカ」に描かれた歯車

「馬によるミルの駆動」に描かれた歯車

13 歯形の研究

かみ合う歯車のトルクと回転速度

要点BOX
●歯車の理論研究は17世紀から
●歯車が「かみ合わない」とは
●「滑らかに」とはどういうこと?

時計や鉱山、井戸などで用いられる機械に歯車が組み込まれて、さまざまなはたらきをするようになると、歯車がなめらかにかみ合うようにするための理論的な研究が進められることになります。17世紀から始まる歯車の理論的な研究はその後、18世紀の産業革命期の機械設計において重要な役割を果たすことになりました。

初期の歯車は円板から等間隔で棒を取り付けたり、試行錯誤で削ったりするだけであり、何とか回転を伝えているようなものも多かったようです。その後、経験の積み重ねによって正確にかみ合う歯車が登場しましたが、理論的に「歯車がかみ合う」とはどのようなことなのかを追求する人たちも現れました。

まず歯車がかみ合わないとは、歯と歯が接触するときに、ガタガタしたり滑ったりして、駆動側の歯車の回転が滑らかに従動側の歯車に伝わらないことです。

ここで「滑らか」という言葉を科学的に表現して、トルク（回転力）と回転速度を考えます。長方形の形状とした細長い歯車の歯と歯が接触することを考えると、トルクは力と距離の積で表されるため、これが最大になるのは、回転の中心からもっとも距離が離れた位置ということになります。そのため、駆動側の歯車がきちんと高速で回転したとしても、従動側の歯車と接触する位置が変化するようなかみ合いをするときには、トルクは滑らかに伝わらないのです。

次に従動側の回転速度を考えてみましょう。駆動側の歯が従動側の歯とかみ合い、次の歯とかみ合うまでにはいくらかのすき間があるため、駆動側は一定の角度だけ空転し、この間、従動側の歯車の回転は休止することになります。実際にはある程度回転が継続しているときには、慣性力がはたらくため、急に回転が停止することはありませんが、回転速度がつねに一定でないことはおわかりいただけると思います。

長方形歯車のかみ合い

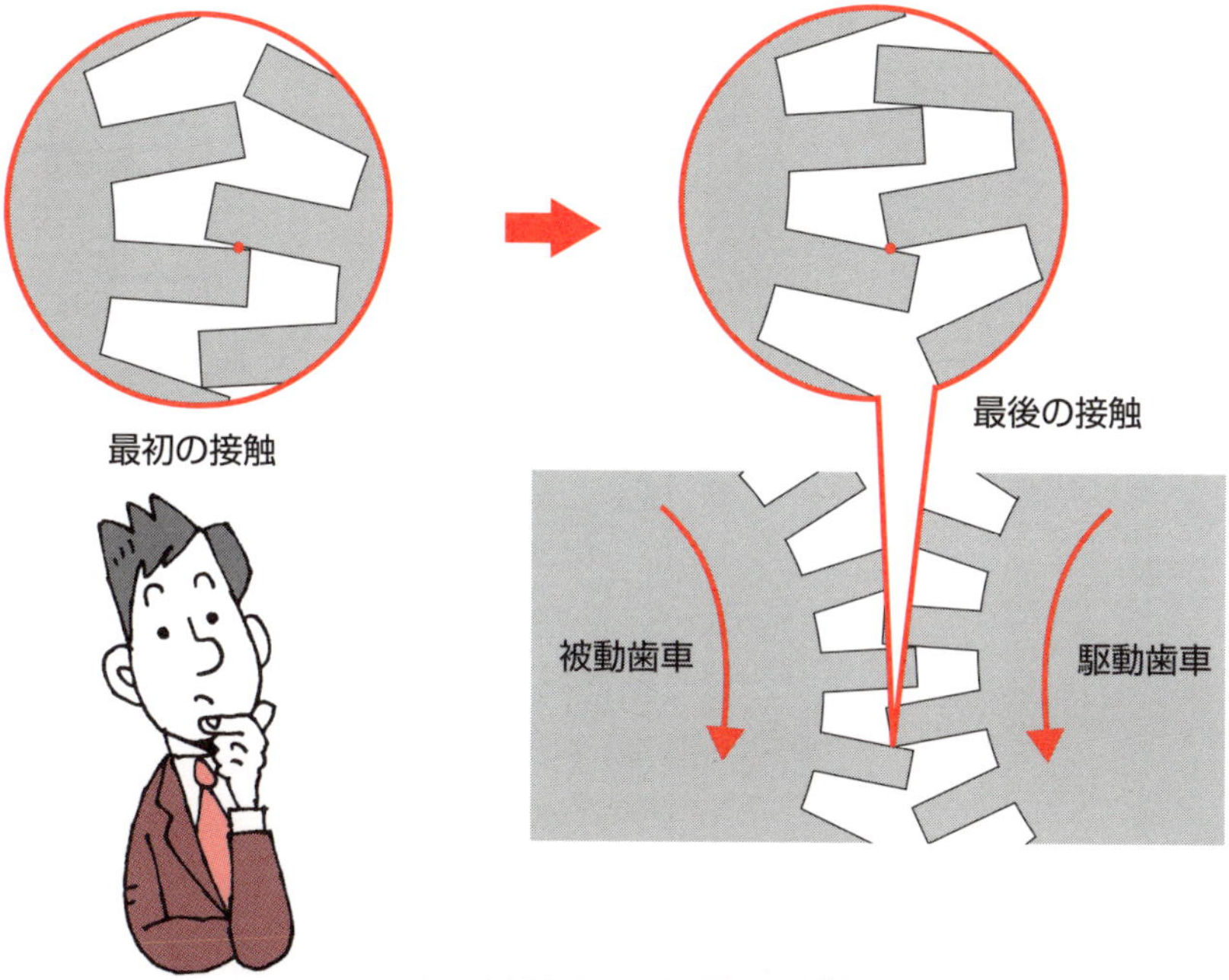

トルク

トルクT＝力F×距離Lであるため、トルクが最大になるのは、
回転の中心からもっとも距離が離れた位置となる

↓

駆動側と従動側の歯車の接触する位置が変化するかみ合いでは、
トルクを滑らかに伝達できない

回転速度

駆動側の歯が従動側の歯とかみ合い、次の歯とかみ合うまでには
いくらかのすき間があり、この間、従動側の歯車の回転は休止する

↓

回転速度は常に一定ではない

14 サイクロイド歯形の歴史

時計歯車の父、カミューが考案した歯形

風車や水車に大きな歯車が用いられるようになると、歯車が滑らかに回転しないことで、せっかくの動力がきちんと伝わらないこと、すなわち動力の損失が発生することが問題になってきました。

1733年にフランスの数学者・技術者であったカミューは「完全な時計をつくるための小歯車と大歯車の歯形について」という論文の中で、歯の接触点は常に歯車の回転中心から一定の点を通過しなければならないということを明らかにしました。この点はピッチ点、またピッチ点を結んだ円をピッチ円といい、現在の歯車設計でも基本となるものとして伝えられています。

さらに彼は歯元の歯車が直線で、歯末の歯面にエピサイクロイド曲線を用いた複合サイクロイド歯形の歯車を提唱し、時計歯車として採用されました。この大きな業績によってカミューは歯車の父と呼ばれています。

ここでサイクロイド曲線とは、直線に沿って円が滑らずに回転するときの円周上の定点の軌跡のことです。エピサイクロイド曲線は直線ではなく、一定の大きさの円に外接しながら円が滑らずに回転するときの円周上の定点の軌跡のことであり、外サイクロイドともいいます。また、一定の大きさの円に内接しながら円が滑らずに回転するときの円周上の定点の軌跡をハイポサイクロイド、または内サイクロイドといいます。

このように進展してきた歯車の歯形の研究ですが、当時はそれぞれの歯車に互換性はありませんでした。すなわち、A工場で製作した歯車とB工場で製作した歯車がきちんとかみ合う保証はなかったのです。

この問題を解決するために、イギリスの機械技術者・ウイリスは「歯車の歯について」という論文などを発表し、エピサイクロイドが歯車の互換性を保つことを提唱しました。

要点BOX
- ●時計歯車の父・カミュー
- ●サイクロイド曲線の歯形の提唱
- ●互換性のある歯車の提唱

サイクロイド曲線

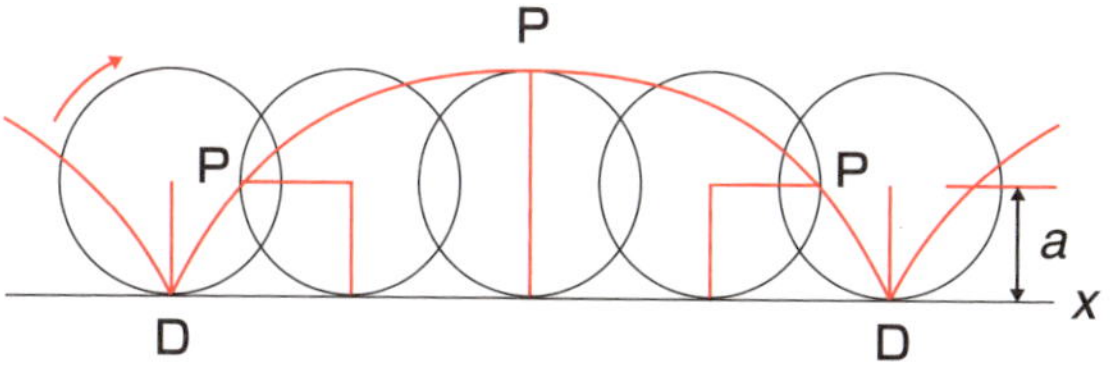

定直線に沿って円が滑らずに回転するときの円周上の定点の軌跡をサイクロイドという

$$x = a\ (\theta - \sin\theta)$$
$$y = a\ (1 - \cos\theta)$$

数学的にいえば、円 c（半径 a）が x 軸に接しながら回転するとき、その周上に固定された点 P の軌跡である

原点を中心とする半径 a の円 C_0 に半径 b の円 C_1 が外接／内接しながら滑ることなく回転するとき、動く円 C_1 の周上に固定した点で、はじめ x 軸上にあった点の位置 P（x、y）は次の式で与えられる

エピサイクロイド

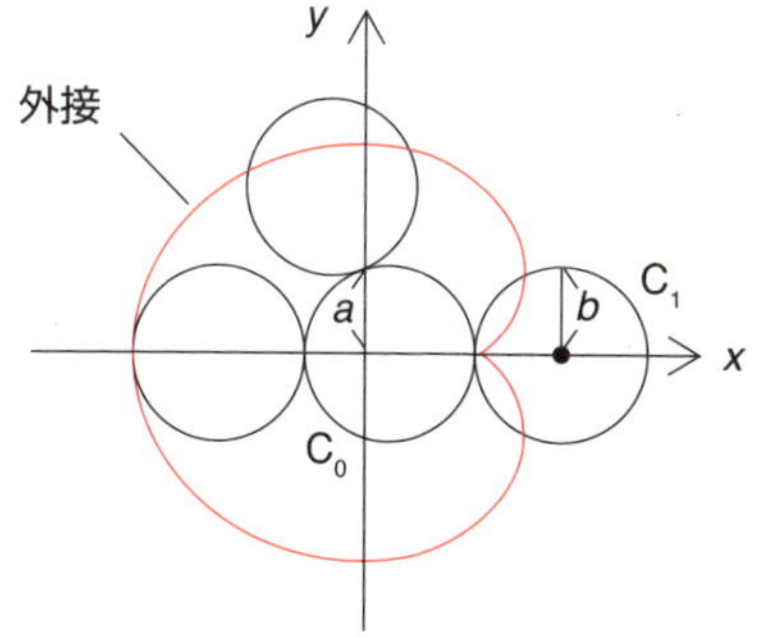

２円の半径比 1：1

ハイポサイクロイド

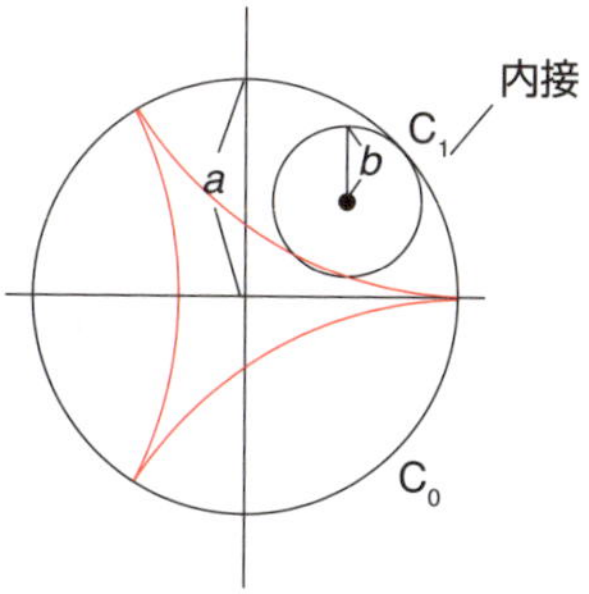

1：3

$$\begin{cases} x = (a+b)\ \cos\theta - b\cos\dfrac{a+b}{b}\theta \\ y = (a+b)\ \sin\theta - b\sin\dfrac{a+b}{b}\theta \end{cases} \cdots①$$

$$\begin{cases} x = (a-b)\ \cos\theta + b\cos\dfrac{a-b}{b}\theta \\ y = (a-b)\ \cos\theta - b\sin\dfrac{a-b}{b}\theta \end{cases} \cdots②$$

ウイリスは、エピサイクロイドが転がる転円の大きさを歯車のピッチごとにそろえることで歯車の互換性が保たれることを提唱

15

インボリュート歯形の歴史

実用面で優れたインボリュート歯車

サイクロイド歯形と並んで研究が進められてきたものにインボリュート曲線を用いたインボリュート歯形があります。ここでインボリュート曲線とは、円筒に巻きつけた糸をぴんと張りながらほどいていくときの糸の先端が描く軌跡のことです。そして、インボリュート歯車の歯形はこの曲線の一部を使用しています。ただし、インボリュート曲線を用いるといっても、この歯形は元の円筒の大きさに左右されることになるため、歯車と歯車がかみ合う点であるピッチ点やこれを結んだピッチ円とは直接の関係はありません。

サイクロイド歯形の改良も行ったウイルスはインボリュート歯車では中心距離に多少の誤差が生じても正しいかみ合いが保たれるため、歯車が等速回転をすることなどを明らかにしました。また、歯車の互換性の必要性を解くとともに、後にサイクロイド歯形の歯車を製作する工作機械も発売されるなど、歯車の標準化にも貢献しました。

このように歯車の形状の研究は、理論的な研究が進められる一方で、それを実現させるための工作機械の開発も急がれました。そして、実際にインボリュート歯車を製作できる創成式歯切り法による工作機械が発明されたことで、このインボリュート歯車は大きく普及することになるのです。

なお、当時のインボリュート歯車を製作する工作機械では、歯車の歯面の一点(普通はピッチ点)において、その半径セント歯形の接線とのなす角度である圧力角は14・5度が採用されており、その後長い間用いられていました。この角度にはsin14.5=1/4と計算が便利という利点もありました。なお、現在では圧力角は20度が主流になっています。

現在、インボリュート歯車は工業的に用いられる歯車のほとんどすべてに用いられています。一方でサイクロイド歯車は時計など精密機械の歯車の一部などに用いられています。

要点BOX
- ●インボリュート曲線の歯車
- ●歯車の標準化に貢献したウイルス
- ●インボリュート歯形をつくる工作機械の発明

インボリュート曲線

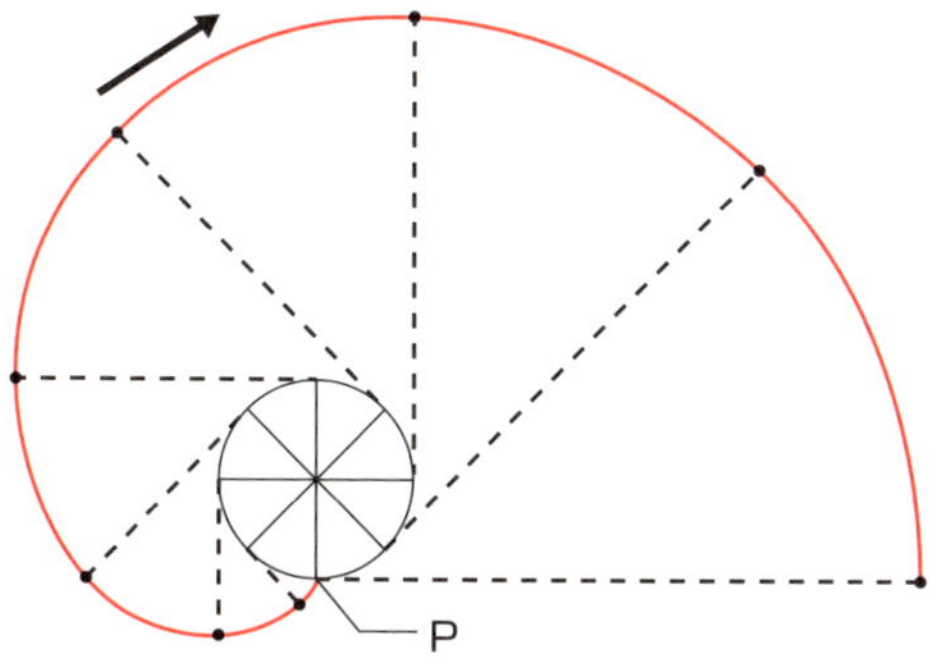

歯形としてのインボリュート曲線

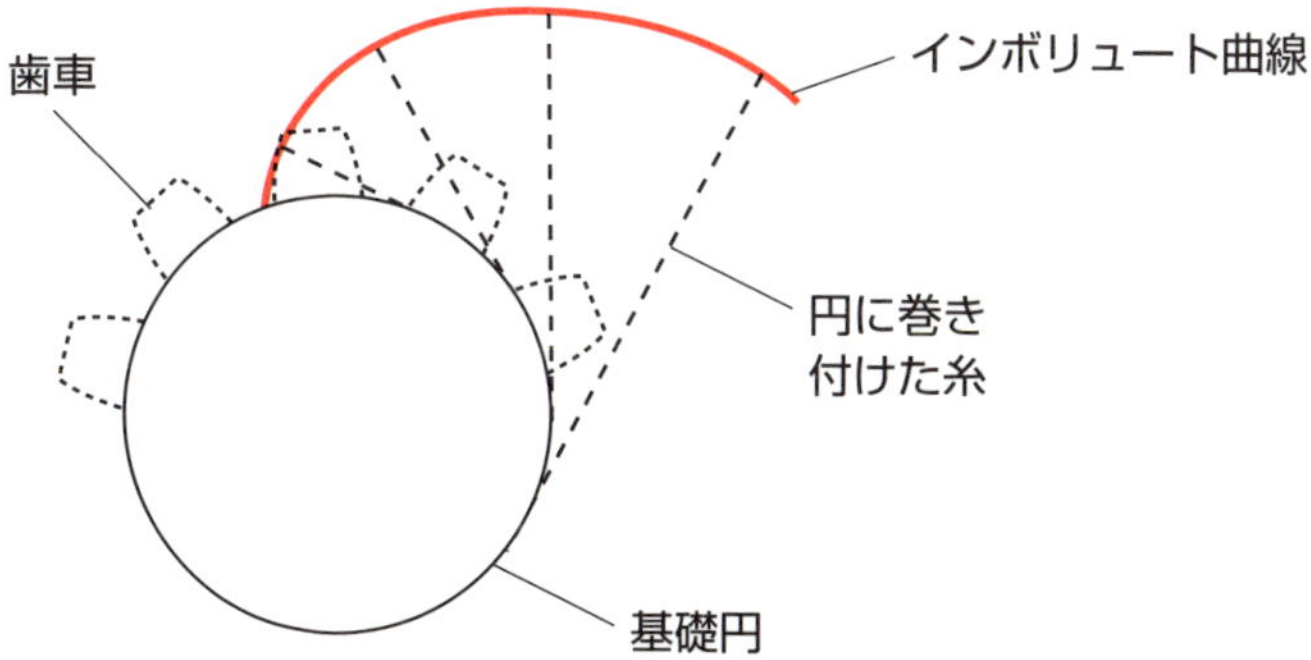

インボリュート歯車の圧力角

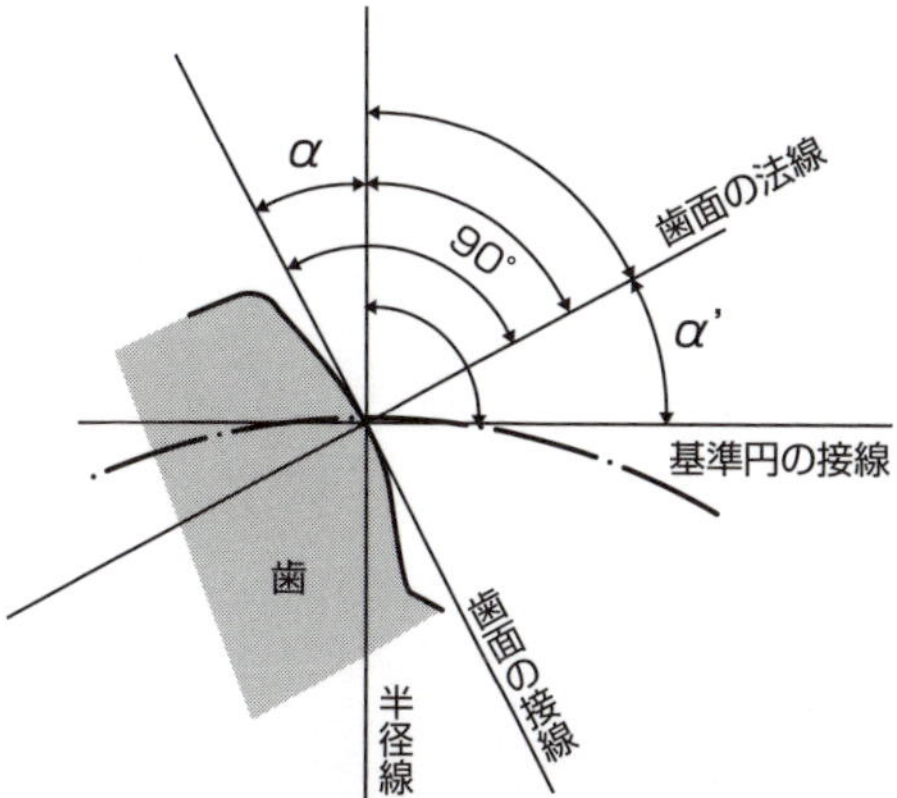

16 蒸気機関に用いられた遊星歯車

ワットがクランクの代わりに採用

18世紀の産業革命の時期になると、歯車は非常に重要な役割を果たすようになります。当時は蒸気機関などを使って機関車や機械を動かしていましたが、その回転速度では機械を動かすことができませんでした。すなわち、回転速度があってもトルクが不足していたのです。そこで、歯車を使うことで、回転比率を変えて力を強くすることが可能になりました。つまり、産業革命の成功の裏には歯車の存在が不可欠だったといっても過言ではありません。

1759年頃、イギリスの機械技術者ジェームス・ワットはニューコメンの蒸気機関を改良して、馬力や熱効率を向上した実用的な蒸気機関を開発しました。ニューコメンの蒸気機関は鉱山の排水用などに用いられる往復運動を取り出すことができるものでしたが、ワットはこれを回転運動に変換して、工場の動力などに使用することを考えました。当初、ワットは往復運動を回転運動に変換するためにクランク機構を用いようとしましたが、当時、すでにこの機構には特許が取得されていたため、苦肉の策として遊星歯車を考案しました。遊星歯車とは、太陽歯車を中心としてそのまわりを遊星歯車が自転しつつ公転する構造をもった機構です(40項参照)。

なお、クランク軸の特許権が切れた後は機構学的に合理的なクランク軸が一般的に使用されるようになり、蒸気機関で往復運動を回転運動に変換する目的では遊星歯車機構は使用されなくなりました。この遊星歯車は後にさらに複数の歯車を組み合わせて、少ない段数で大きな減速比が得られること、大きなトルクが伝達できること、入力軸と出力軸を同軸上に配置できることなどの特長をいかして、幅広く用いられます。

なお、ワットはこの蒸気機関の改良において、遠心調速機の発明にも取り組みました。

要点BOX
- ●産業革命の成功の裏に歯車あり
- ●クランク機構の代わりに遊星歯車
- ●往復運動を回転運動に

ワットの蒸気機関

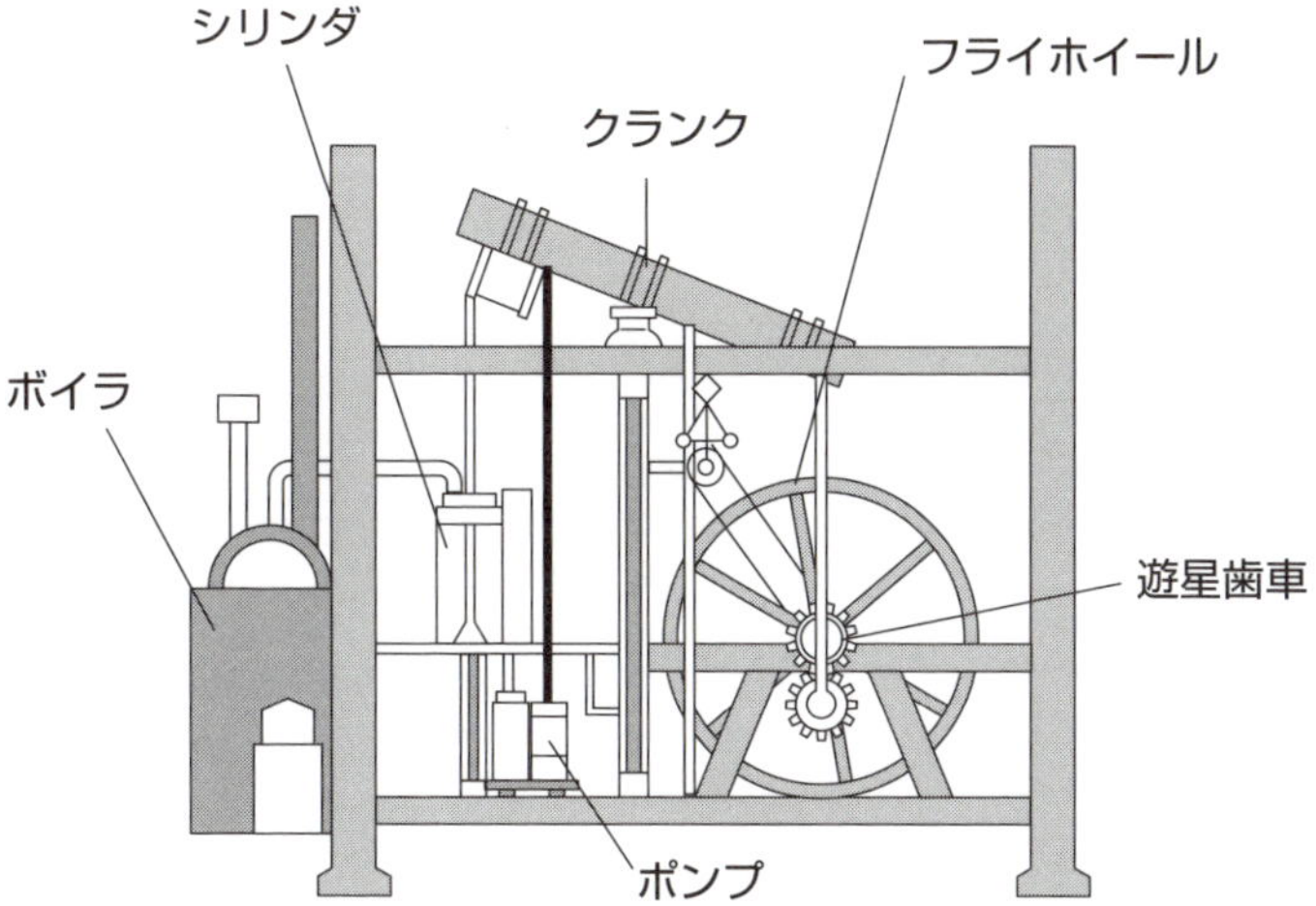

クランク機構の特許が取得されていたため、苦肉の策として遊星歯車が発明された

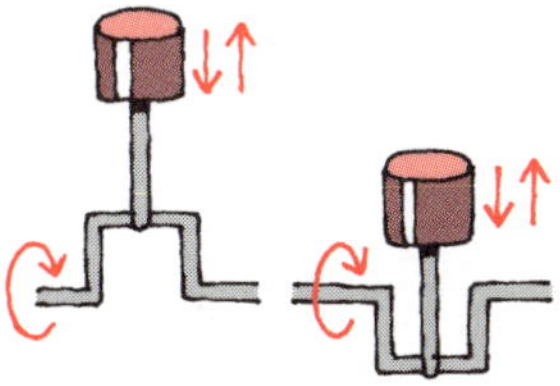

クランク機構

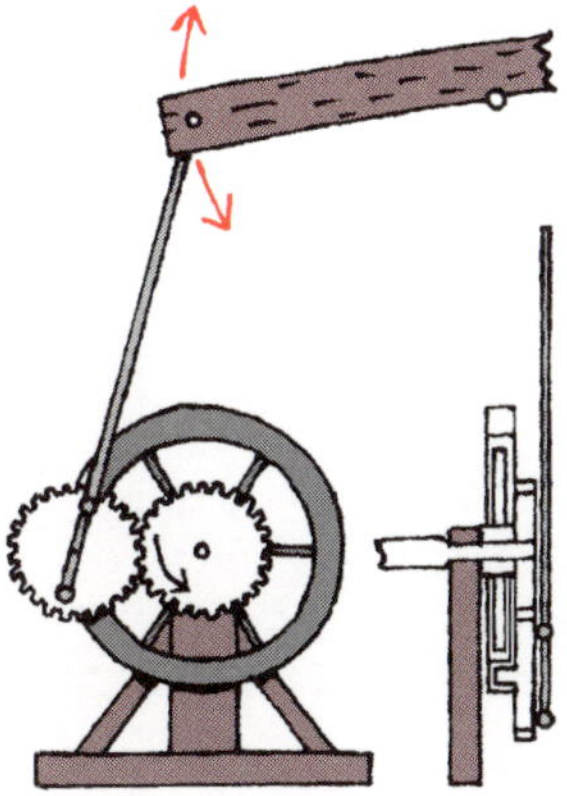

バリキリ遊星歯車

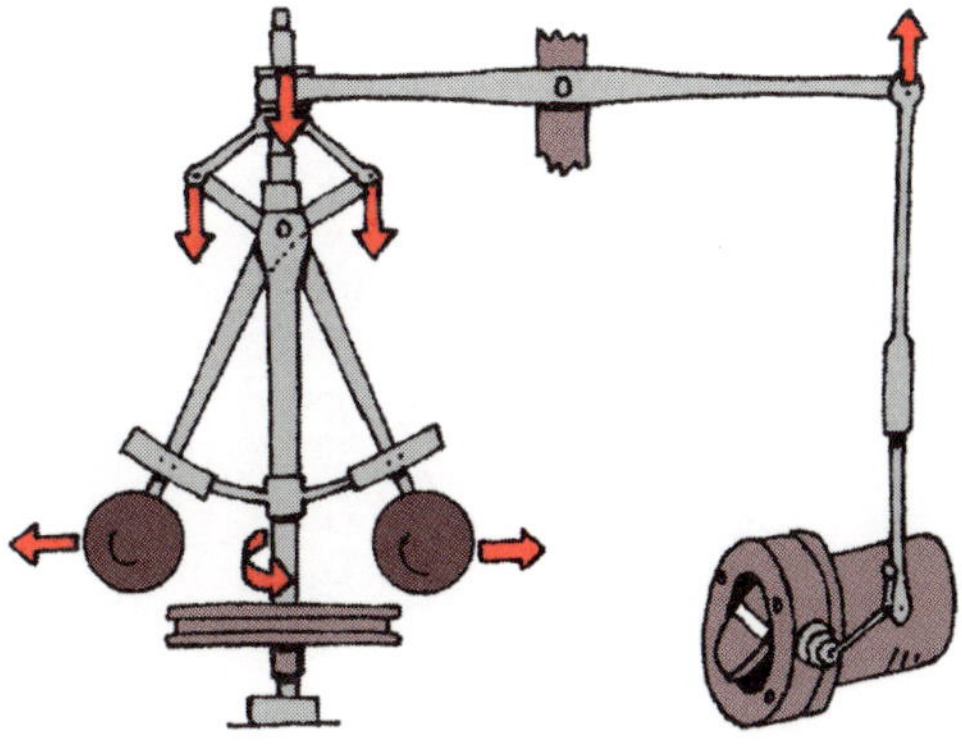

遠心調速機

遠心調速機はフィードバック制御の起源とされている

17 指南車の歯車

仙人が常に南を指すメカニズム

指南車《しなんしゃ》は古代中国でつくられた、車がいかなる方向に向きをかえても車の上に立つ仙人像の手は常に南を指している車です。中国には「天子は南面す」という思想があり、隊列の先頭で南を指し示しながら、皇帝の威光を庶民に知らしめる道具として用いられたようです。現在、「教え授けること」「指し示すこと」などの意味として「指南」の言葉が用いられるのもこれに由来します。

指南車がいつ頃つくられたのかに関しては、紀元前2600年頃には黄帝《こうてい》がつくらせたという説や紀元前770年～紀元前220年の春秋戦国時代の周の時代に活用されていたという説などがあるようですが、実際には魏《ぎ》の時代（220年～265年）以降が正しいようです。

指南車の原理は、車が向きを変えたとき、その転回した角度分だけ仙人像を反対に回して、人形が常に一定の方位を示すようにしていますが、どのようなメカニズムでこれを実現したのでしょうか。

指南車には車を引くために轅《ながえ》と呼ばれる棒が取り付けられています。車が直進しているときには、仙人像は正面を向いたままですが、右折しようとしたときには、縄によって結ばれた片側の歯車が下がることで、仙人像が取り付けられた歯車とかみ合います。このかみ合いによって、右折した角度の分だけ仙人像は左に回転するため、指南を続けることになるのです。

このメカニズムがどのくらい確実に動いたのかはわかりませんが、このような図面が残っていることからも、当時、中国ですでに精巧な歯車の製造技術が存在していたことがわかります。

自動車でカーブを曲がるとき、左右の駆動輪の回転数とトルクの差を吸収してスムーズに走るために差動歯車が用いられますが、指南車の原理はこの起源ともいえます。

要点BOX
- ●常に南を指す指南車
- ●指南車には歯車が使われていた
- ●指南車は差動歯車の起源か

三才圖會の指南車

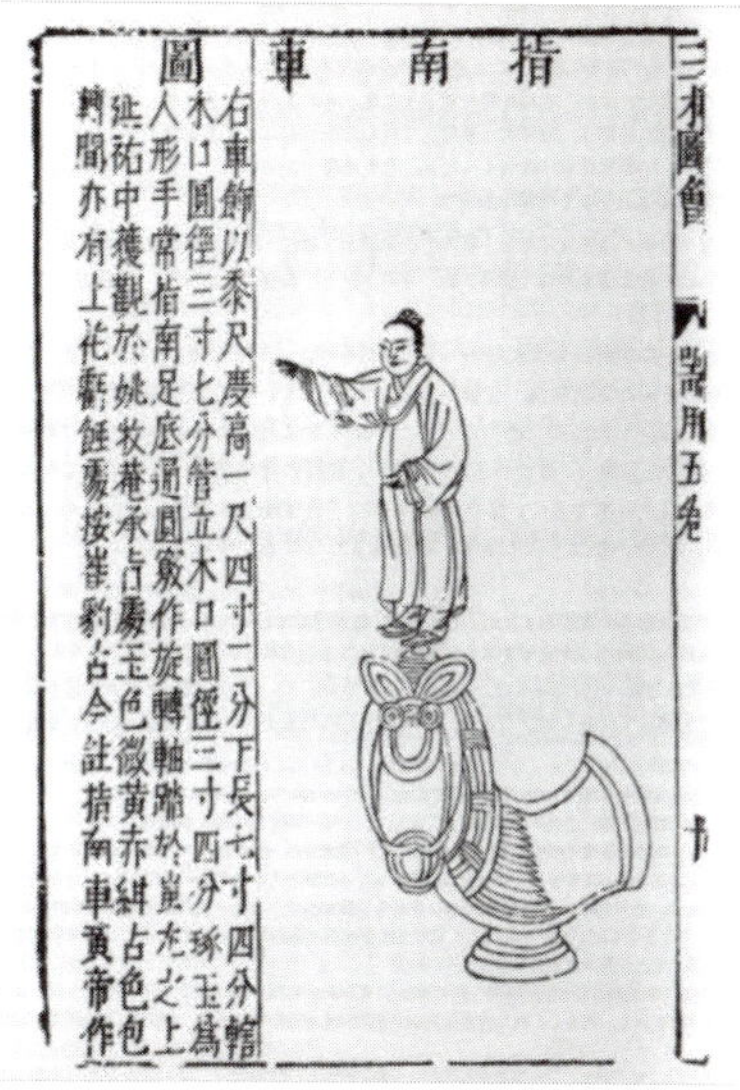

中国の学者-王振鐸氏が復元した指南車の図

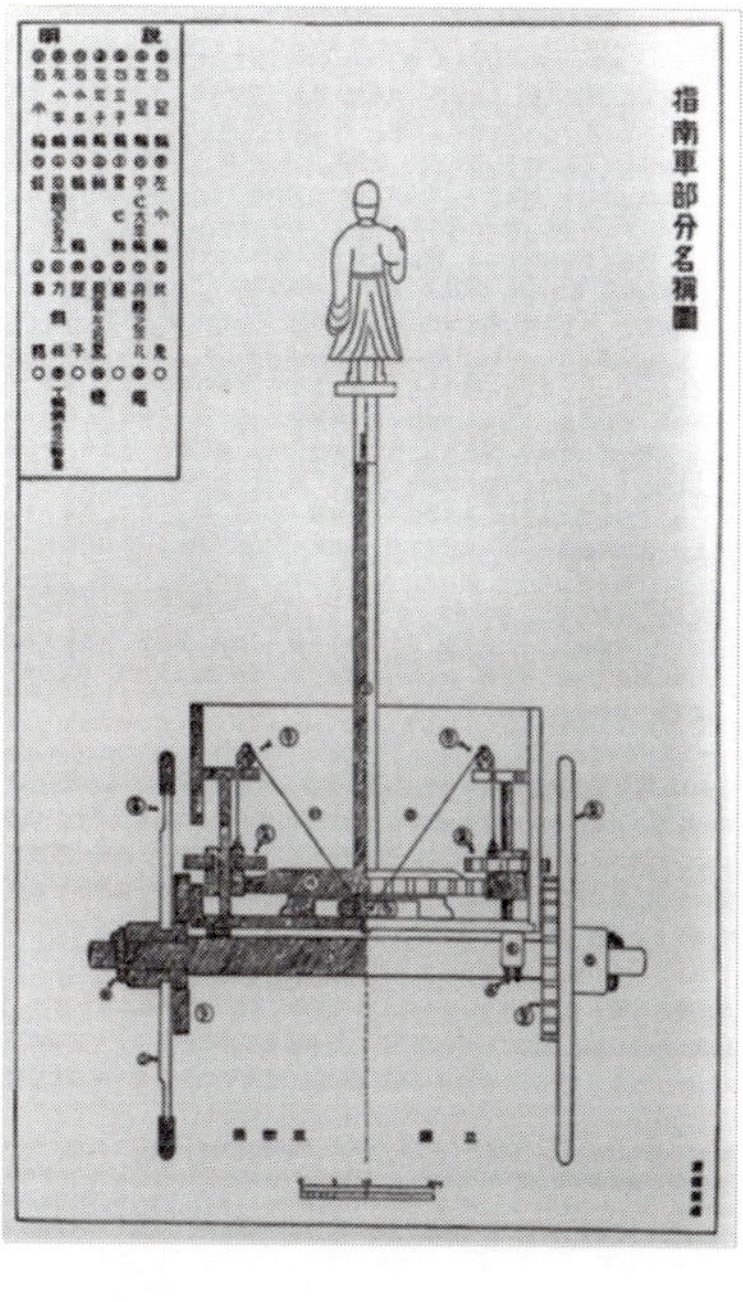

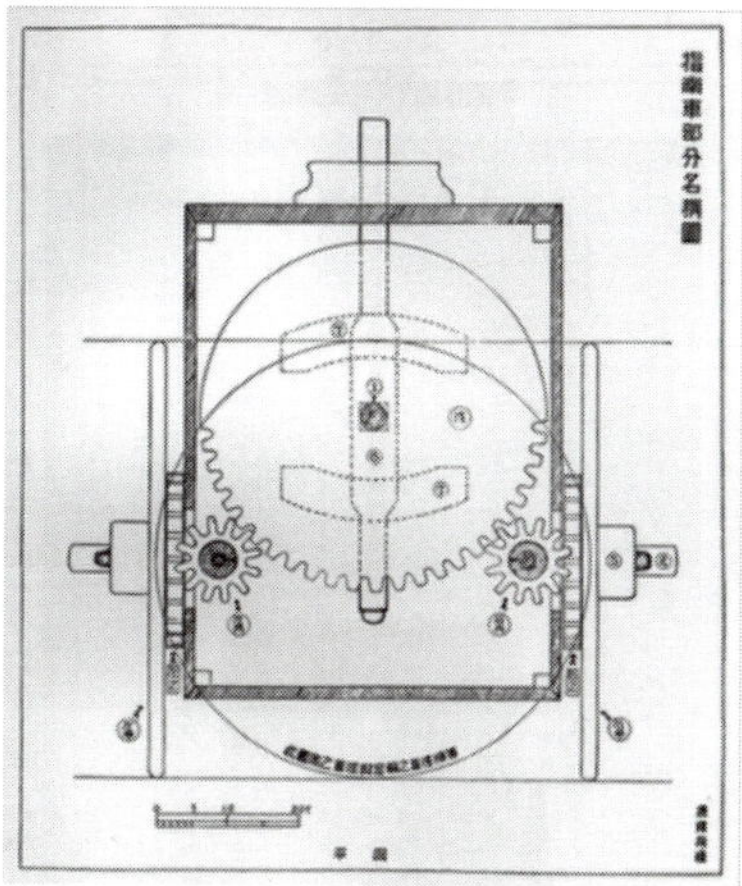

J.Needham and Wang Ling, 1965
"SCIENCE AND CIVILISATION IN CHINA"

（石田正治氏提供）

18 和時計の歯車

不定時法の時計の歯車

和時計は江戸時代から明治初期にかけて使用されていた不定時法による時計です。江戸時代に大名お抱えの時計師たちが、長い年月をかけて手づくりで製作したため、大名時計とも呼ばれます。

不定時法では、夜明けと日暮れは季節によって時間が変わるため、昼と夜の長さが変わり、一時《いっとき》の長さが変わります。昼夜の刻数が季節によって変わるため、文字盤も季節ごとに取り替えなければなりませんでした。

不定時法では、夜明けから日暮れまでの昼を六等分、日暮れから夜明けまでの夜を六等分し、これを一刻《いっとき》といいます。さらに、一刻を四等分する数え方があります。そして、時計の文字盤には十二支(子《ね》・丑《うし》・寅《とら》・卯《う》・辰《たつ》・巳《み》・午《うま》・未《ひつじ》・申《さる》・酉《とり》・戌《いぬ》・亥《い》)が用いられていました。幽霊や妖怪が出没するとされる丑三《うしみ》つ時《どき》というのは、丑(うし)の刻の三つ目を指し、これが現在の午前2時〜午前2時30分を意味します。

日本では1873(明治6)年までこの不定時法が採用されており、その後、定時法へ移行したことにより、その実用的使命を終えました。

和時計にはもちろん数多くの歯車が組み込まれています。しかし、当時はまだ歯車を製作する工作機械は存在しておりませんでした。そのため、ここに用いられた歯車は金属を切削し、やすりがけによって正確に形を整えていたと考えられます。

東芝の創業者である田中久重《たなかひさしげ》が1851年に製作した万年自鳴鐘《まんねんじめいしょう》製作にも和時計の文字盤が用いられています。万年自鳴鐘のクランク軸には歯数が25枚の歯車が取り付けられており、反対方向に回転する午前歯車と午後歯車が連結されています。この切り替え部分には、片側にのみ4つの歯が付いた2つの四歯をもつ虫歯車が用いられています。いずれの歯車も精巧に作られており、当時の歯車製造技術が高度なものであったことがわかります。

要点BOX

- お抱え時計師による大名時計
- 不定時法とは
- 東芝創業者・田中久重の万年自鳴鐘

和時計と十二支の文字盤

大名時計

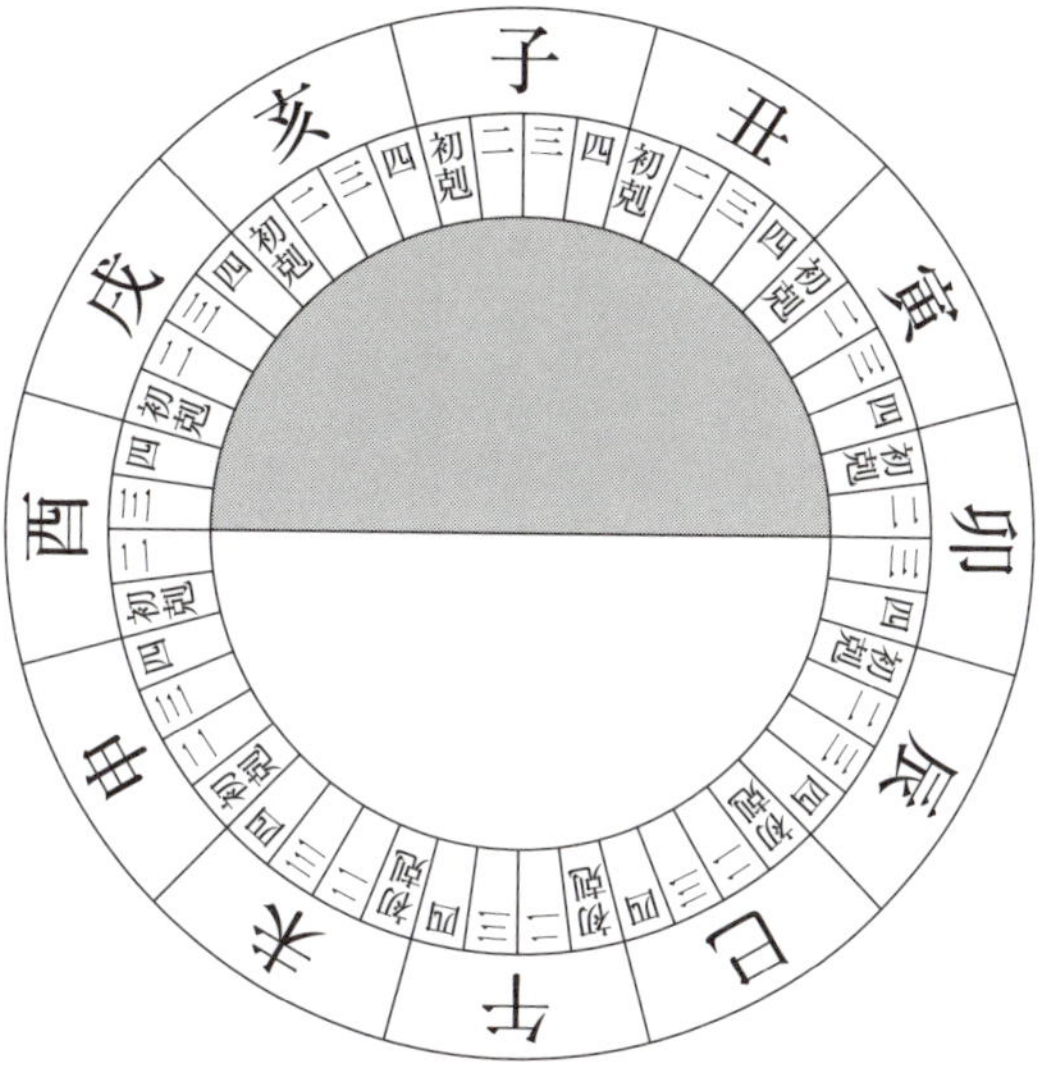

田中久重の万年自鳴鐘

19 江戸からくり人形の歯車

歯車技術をさまざまなからくりに応用

日本では17世紀頃から、時計などに使われていた歯車などの技術を人形を動かす装置として応用したからくり人形が作られ始めました。これは主に台の上の人形がさまざまな動作をするもので、当初は公家や大名などの高級玩具でしたが、祭礼や縁日などの見世物として大衆の目に触れると人気を呼ぶようになって日本各地に普及し、専門の職人も現れ、非常に精巧なものが作られるようになりました。

細川半蔵《ほそかわはんぞう》が1796年に著したとされる「機巧《からくり》図《ず》彙《い》」は、首巻《しゅかん》・上巻・下巻の3分冊で、首巻には「掛時計」「櫓時計」「枕時計」「尺時計」の時計4種、上下巻には「茶運人形」「五段返」「連理返」「竜門瀧」「鼓笛児童」「揺盃」「闘鶏」「魚釣人形」「品玉人形」の九種類のからくりが取り上げられています。

屋内で鑑賞するために作られた座敷からくりの代表は、「茶運人形」です。この人形は、両手に持つ茶たくに茶碗をのせると、頭をふり、両足を動かして、客の前にお茶を運び、客が茶碗を手に取ると止まります。また、客がお茶を飲み終わり、空になった茶碗を茶たくに戻すと、踵《きびす》を返して茶碗を元の場所まで運びます。

「茶運人形」は精巧に形作られた歯車はもちろん、動力には鯨のヒゲを利用したぜんまい、カム、棒てんぷなどの機械要素が用いられており、これらがその動きを制御していました。和時計の歯車が黄銅で作られることが多かったのに対して、からくり人形の歯車の多くは木材で作られていました。そして、この木製の歯車は一枚の木材から切り出されるのではなく、木材の繊維方向などを考慮して、大きな歯車は八分割してつなぎ合わせて作られていました。

和時計やからくり人形などのからくりは、鉄砲などと同じく、室町時代末期に入ってきた西洋時計を応用したものですが、その後、国内で創意工夫が重ねられ、日本独自の機械技術となって発展しました。

要点BOX

- ●精巧な歯車の組み合わせで動く茶運人形
- ●からくり人形の歯車は木製
- ●江戸時代に日本独自の発展を遂げた機械技術

機巧図彙に描かれた茶運人形の機構図

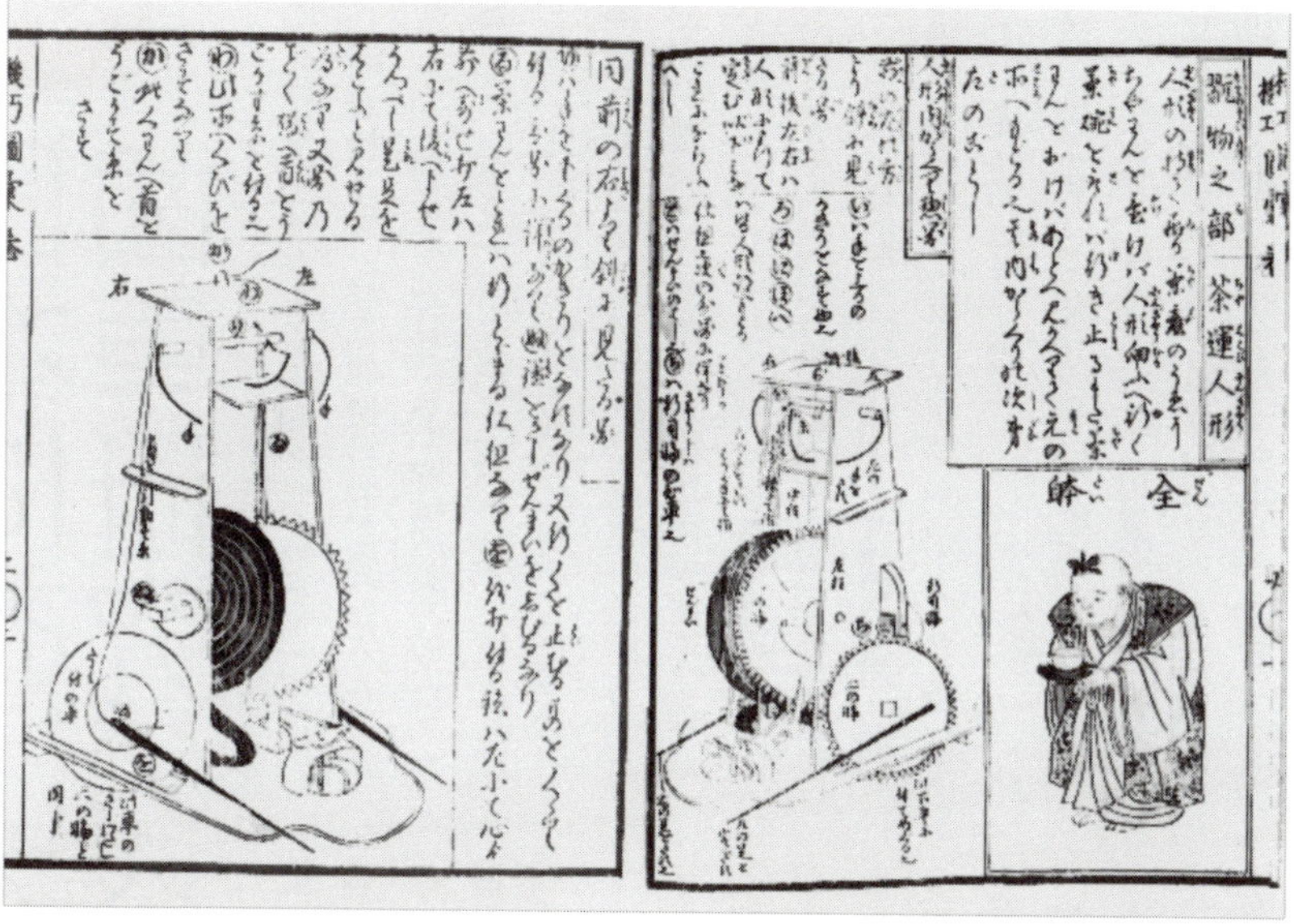

歯車の図

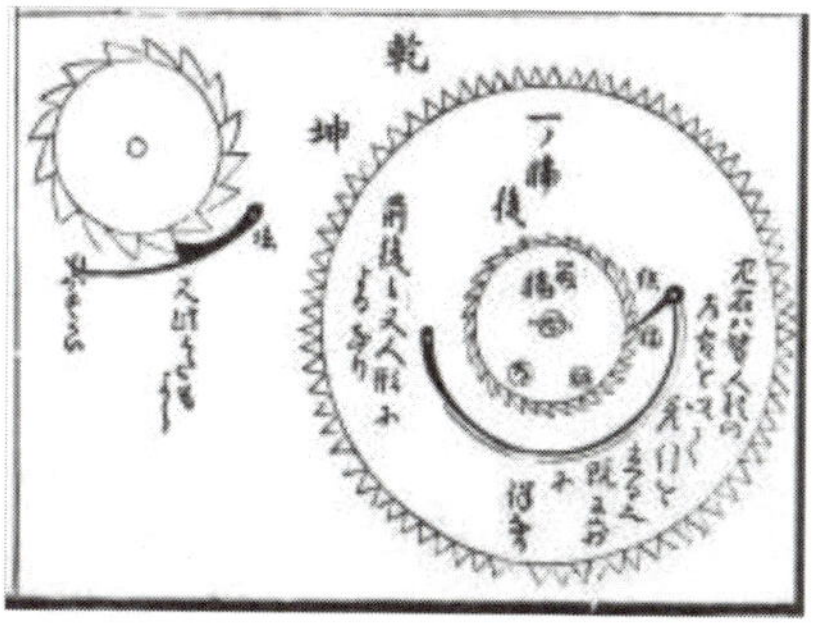

茶運人形

茶運人形には、精巧に形づくられた歯車はもちろん、動力には鯨のヒゲを利用したぜんまい、カム、棒てんぷなどの機械要素が用いられていた

20 日本における歯車研究の発展

日本機械学会における歯車研究の進展

日本における歯車の学術研究が開始されたのは、1897（明治30）年に日本機械学会が設立されてからのことです。同年に刊行された機械学会誌の第一巻第一号には、東京大学・井口在屋《いのくちありや》教授の「Strength of Wheel Teeth」という歯車強度に関する論文がいち早く掲載されています。

歯車の歯形理論と比較すると歯車の精度や工作法に関する研究はかなり遅れており、1931（昭和6）年に東京工業大学の関口八重吉《せきぐちやえきち》教授と海老原敬吉《えびはらけいきち》教授による「歯車の負荷高速回転に関する研究、第一報、歯車の精度と歯切法に就て」が第34巻168号に掲載されたのが最初の論文です。

その後、1935（昭和10）年頃から歯車の研究は極めて活発となり、機械学会誌への歯車関連の論文も増加しました。その後、戦後の混乱期を経て、1953（昭和28）年、機構学から出発して歯車の理論を究明した成瀬政男《なるせまさお》博士、歯車の精密工作法を研究した和栗明《わくりあきら》博士、歯車の運転性能を究明する立場から、歯車の振動などの問題を解明するとともに転位歯車の設計方式の確立に成果をあげた中田孝《なかだたかし》博士の3名が、学士院賞を授与されました。

その後、現在に至るまでさまざまな歯車研究に関する成果が発表されています。主なものとして、まずあげられるのは歯車の強度設計です。高速回転をしながら大きな力を受ける歯車には大きな曲げ応力がはたらくため、入出力軸の速度や配置、伝達動力などに基づいて、負荷能力、振動・騒音などを考慮し、実際に使用する歯車の各部寸法などの歯車諸元、また使用する材料と熱処理法、歯車装置としての構造や潤滑法を決定するなどの研究が進められています。また、歯車の誤差や剛性変化に起因する振動の発生や、歯車箱を振動させる空気音の低減や振動測定による歯車欠陥の検出など、さまざまな研究が進められています。

要点BOX

- 歯形理論に比べ工作法は遅れていた
- 太平洋戦争後の先人たちの目覚しい研究成果
- 活発な歯車研究の成果発表

機械学会誌の第一巻第一号に掲載された歯車の論文

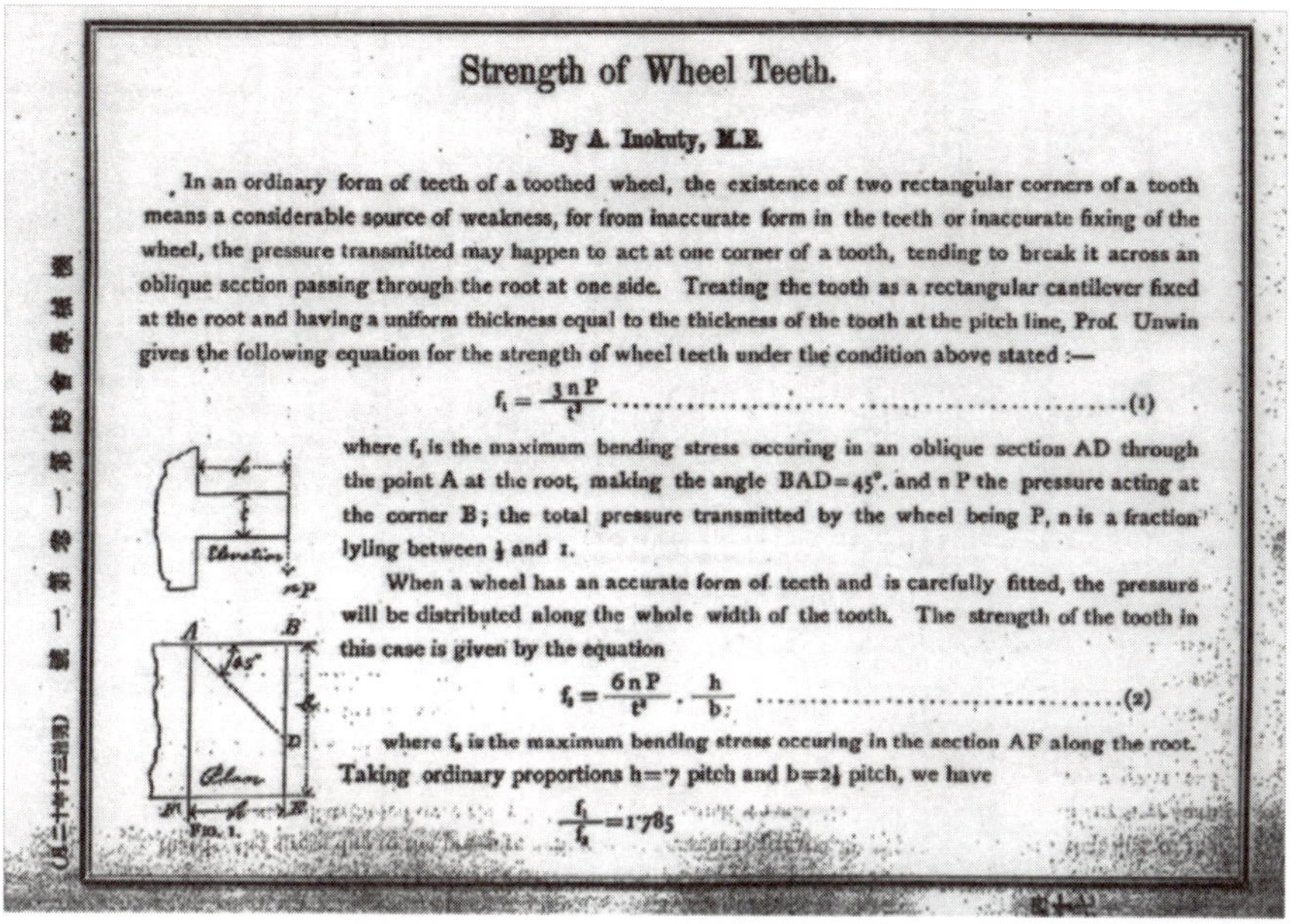

Strength of Wheel Teeth.

By A. Inokuty, M.E.

In an ordinary form of teeth of a toothed wheel, the existence of two rectangular corners of a tooth means a considerable source of weakness, for from inaccurate form in the teeth or inaccurate fixing of the wheel, the pressure transmitted may happen to act at one corner of a tooth, tending to break it across an oblique section passing through the root at one side. Treating the tooth as a rectangular cantilever fixed at the root and having a uniform thickness equal to the thickness of the tooth at the pitch line, Prof. Unwin gives the following equation for the strength of wheel teeth under the condition above stated :—

$$f_1 = \frac{3nP}{t^2} \quad \cdots\cdots\cdots (1)$$

where f_1 is the maximum bending stress occuring in an oblique section AD through the point A at the root, making the angle BAD=45°, and n P the pressure acting at the corner B; the total pressure transmitted by the wheel being P, n is a fraction lying between ½ and 1.

When a wheel has an accurate form of teeth and is carefully fitted, the pressure will be distributed along the whole width of the tooth. The strength of the tooth in this case is given by the equation

$$f_2 = \frac{6nP}{t^2} \cdot \frac{h}{b} \quad \cdots\cdots\cdots (2)$$

where f_2 is the maximum bending stress occuring in the section AF along the root. Taking ordinary proportions h=·7 pitch and b=2½ pitch, we have

$$\frac{f_1}{f_2} = 1·785$$

FIG. 1.

（引用 http://www.yutaka.co.jp/technology/center/pdf/385_8.pdf）

機械学会誌の第一巻第一号

（著者撮影）

Column

簡単な歯車工作

金属の歯車を用いて本格的な機械設計を行うためには、ある程度の知識を学ぶ必要があります。しかし、歯車の動きを利用して簡単な工作をしようということでしたら、すぐにでも取り組むことができます。

紙工作でも何らかの部品を動かそうとするときには歯車が便利です。もちろん、本物の歯車と同じような歯形を工作することは難しいので、波状の工作用ダンボールなどを用いるとよいでしょう。これを円板に巻きつけて、中心軸を取り付ければ歯車が完成します。

平歯車のペアが完成したら、さまざまに応用してみましょう。傘歯車をつくることができれば、指南車の製作にも挑戦できるかもしれません。

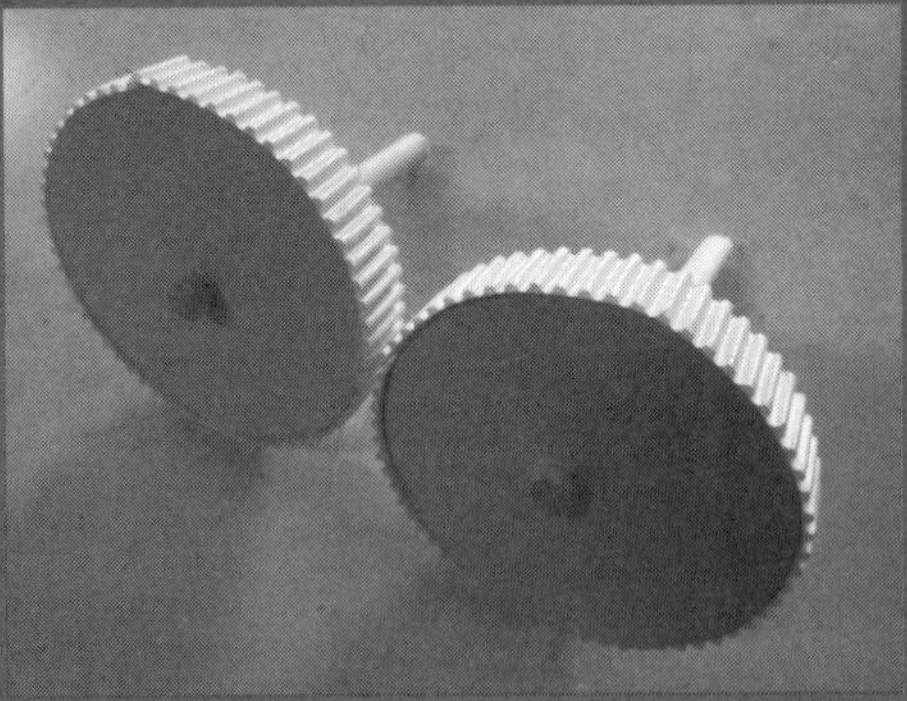

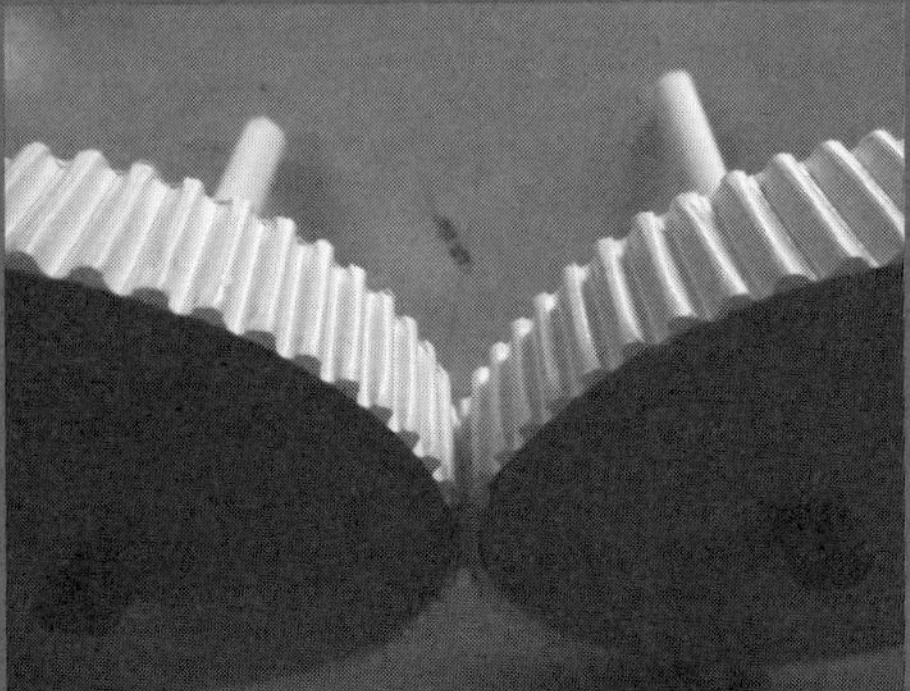

第3章

歯車には どんな種類があるの?

21 歯車のピッチとモジュール

かみ合う歯車はモジュールが等しい

歯車は歯を順次かみ合わせることによって運動を他に伝え、または他から受け取るように設計された歯を設けた機械要素です。また、かみ合う2つの歯車の組みのことを歯車対といいます。

歯車対がかみ合うためには、歯形が等しい形をしており、常に歯車の中心から等しい距離にあるピッチ円上で接触する必要があります。歯車の歯はピッチ円上の円周に沿って等間隔に存在しており、歯と歯の間隔をピッチといいます。また、ピッチ円の直径を歯数で割った値をモジュールといい、歯車対がかみ合うためにはこのモジュールが等しくなければなりません。なお、歯の先端の歯先を結んだ円を歯先円、歯の下端を結んだ円を歯底円といいます。

モジュールは整数値、または簡単な小数の系列としてⅠ列とⅡ列が規格化されており、できるだけⅠ列のモジュールを用い、必要に応じてⅡ列を用いることとされています。

Ⅰ列の主なモジュールには、1、1.25、1.5、2、2.5、3、4、5、6、8、10、12などがあります。なお、JISでは0.1、0.2、0.3、0.4、0.5、0.6、0.8という小数のモジュールがⅠ列に規定されていますが、ISOでは規定されていません。

モジュールが定義された背景には、円周に関係するものの寸法を表すときに登場する円周率πを加えずに切りの良い数値で歯車の大きさを定義しようとしたことがあります。

ピッチ円の直径をd〔㎜〕、歯数をz〔枚〕とすると、モジュールm〔㎜〕、ピッチp〔㎜〕の間には次式が成り立ちます。

$$p = \pi d / z \quad m = d / z \quad m = p / \pi$$

たとえば、ピッチ円直径が120㎜、歯数が30の歯車のモジュールは、$m = d / z$ より、$m = 120/30 = 4$〔㎜〕となります。

要点BOX

- ●2つの歯車の組み「歯車対」
- ●歯車のピッチとは
- ●歯車のモジュールとは

歯車のピッチ円

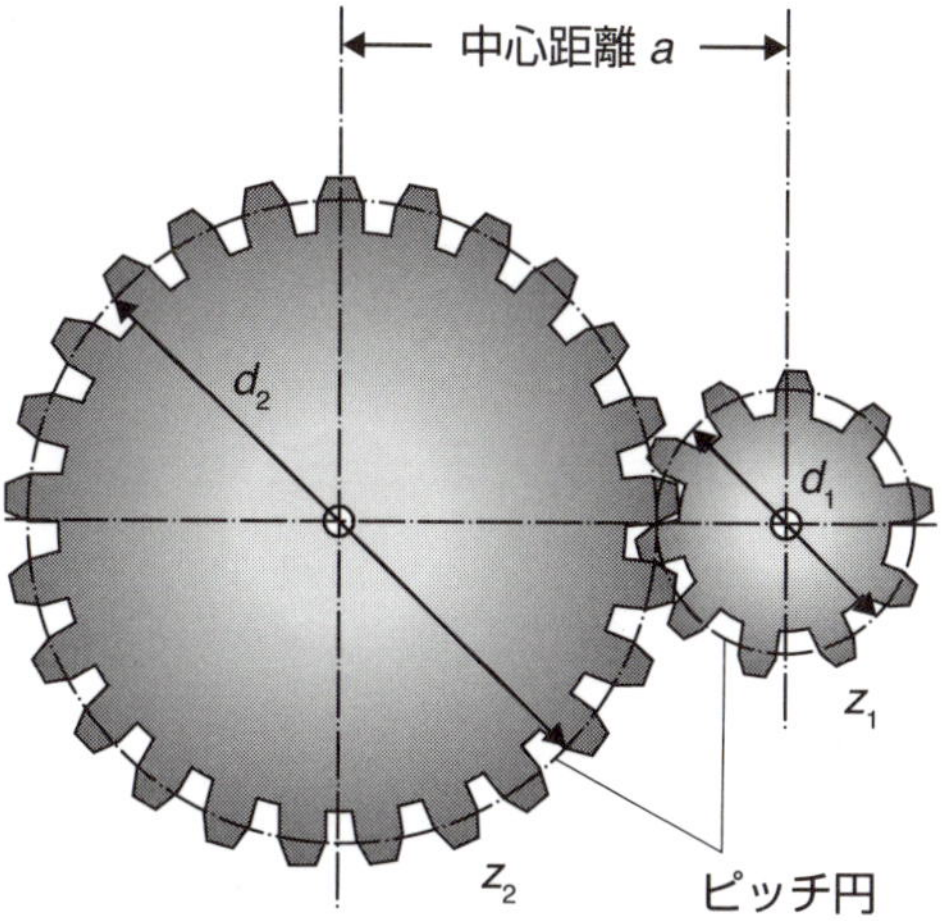

歯車はかみ合う点のピッチ点を結んだピッチ円でかみ合います。

かみ合う歯車はモジュール m が等しい。

$$d = mz$$

d は直径〔㎜〕、z は歯数〔枚〕

モジュールの大きさ

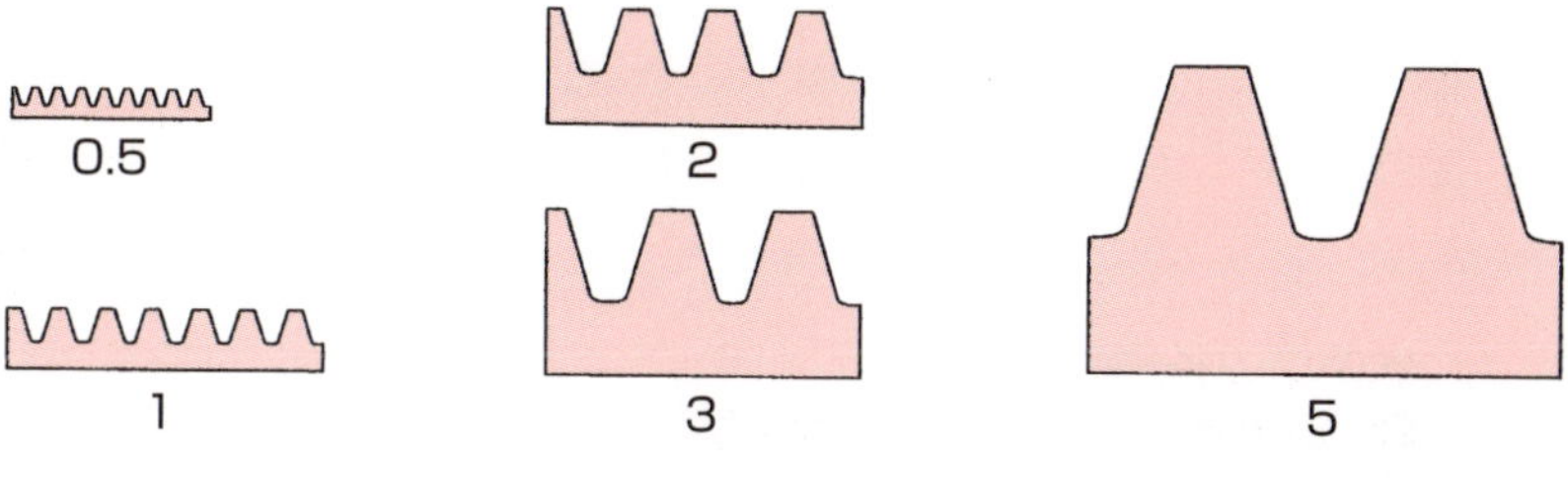

22 歯車の各部名称とバックラッシ

歯幅、歯末、歯元など

歯車には各部分に名称があります。基準円筒の直線母線に沿って測定した歯車の歯の部分の幅を歯幅、ピッチ円上で測った歯の厚さを歯厚、ピッチ円上で測った歯と隣りの歯との隙間の長さを歯溝の幅といいます。

さらに、歯車の基準面と歯底円との間の歯の部分を歯元、歯車の基準面と歯先円との間の間の歯の部分を歯末、歯先円と基準面との間にある歯面を歯先面、歯先円と基準面との間にある歯面を歯末面といいます。

歯元のたけとはピッチ円半径と歯底円半径との差、歯末のたけとは歯先円半径とピッチ円半径との差のことであり、歯元のたけと歯末のたけの和を全歯たけといいます。

理論的に正しくかみ合う一組《ひと》の歯車を設計したとしても、軸に動力を加えて回転させようとすると、歯と歯に隙間がなさすぎてガチガチに動いたりすることがあります。このことは騒音や振動を発生させる原因ともなり、好ましくありません。しかし、これは歯車を製作するときの寸法の誤差や歯車を構成する材料の運転中の膨張、歯車に荷重が加わることによるたわみなどによるものであり、完全になくすことは不可能です。

そのため、実際の歯車では、互いのピッチ円間にある隙間（これを遊びともいう）であるバックラッシを設けます。バックラッシを設けるには、歯厚を減少させる方法や軸の中心間距離を変化させる方法があります。バックラッシの大きさの範囲は規格で規定されているので、その中から選定します。

バックラッシは大きくなると騒音が増加してしまいますし、小さすぎると潤滑油がきちんと行き渡らずに歯面が焼きついてしまったり、ピッチングと呼ばれるあばた状のくぼみなどが発生してしまうため、適当な大きさを選定する必要があります。

要点BOX

- ●歯車の各部の名称
- ●歯車の騒音、振動はなくせない
- ●重要なバックラッシ

歯車の各部名称

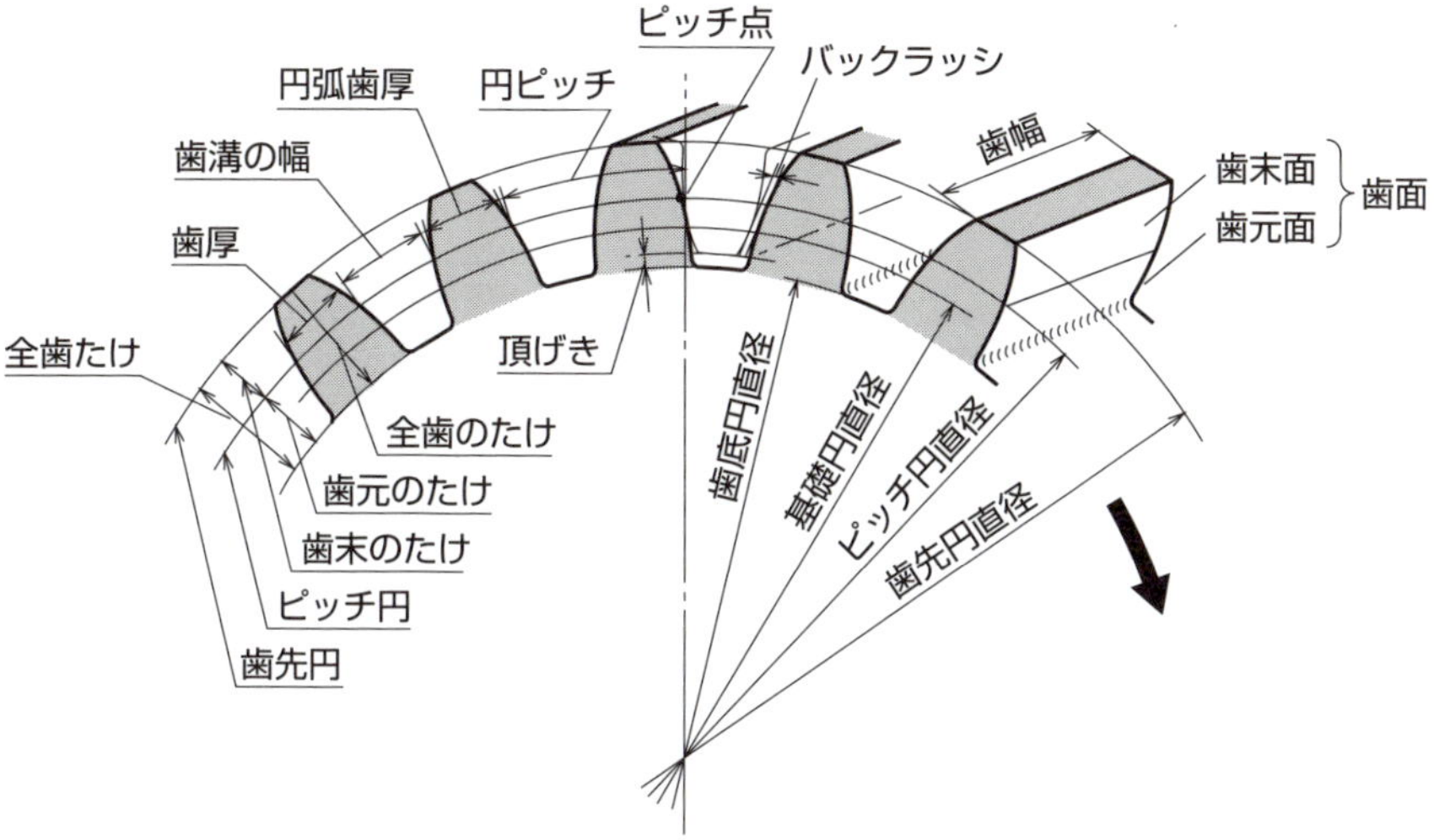

バックラッシ

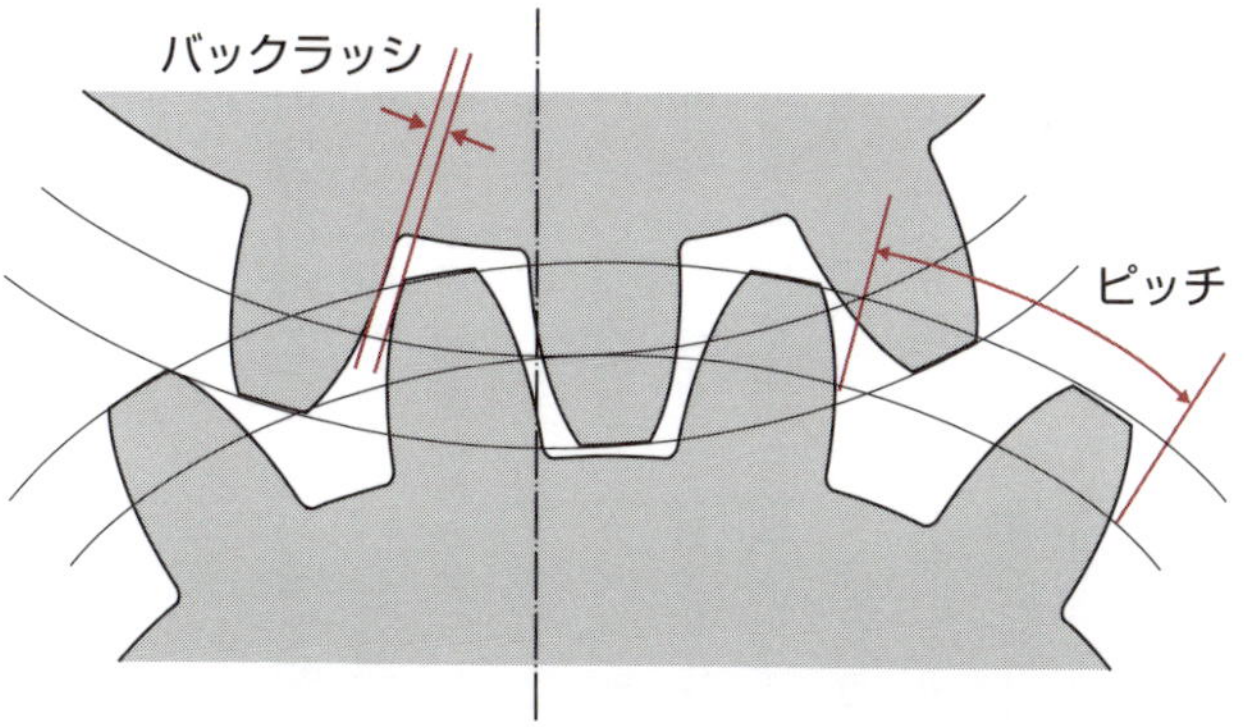

23 歯車のかみ合い率と圧力角

騒音や振動を減らすための理論

歯車による伝動では、必ず一対《いっつい》以上の歯がかみ合っています。かみ合う歯車の両作用線の長さをかみ合い長さといい、一組の歯車はこの間かみ合いを続けます。また、歯車の基礎円上で円弧に沿って測定したピッチを法線ピッチといい、これは基礎円の円周を歯数で割った値に等しくなります。さらに、かみ合い長さを法線ピッチで割った値をかみ合い率といい、一組の歯車が常にかみ合うためにはかみ合い率が1以上でなければなりません。かみ合い率が1・6という場合には、かみ合いのはじめと終わりの0・6の間は二組の歯がかみ合っており、残りの0・4の間で一組の歯車がかみ合っていることを表します。

かみ合い率は、歯車の騒音、振動、強度、回転むらなどに影響を与える重要な要素であり、一般的にかみ合い率の大きい歯車は、音が静かで、振動が少なく、回転をなめらかに伝達し、強度が高いといえます。かみ合い率の値は1・2〜2・5が一般的に用いられています。

歯形上の任意の点を通る半径線と歯形の接線とのなす角度のことを圧力角といい、一般的にはピッチ点が基準になります。歯車がかみ合うためには、第一にモジュールが等しいことがあげられ、より精確にかみ合うためには、この圧力角も等しい必要があります。

最も一般的に使われる圧力角は20度であり、標準平歯車にはこの角度が用いられています。昔は14・5度が多く用いられていたため、この角度をはじめとする20度以下の角度が用いられるものもあります。

なお、アメリカなど長さの単位にインチを用いている国では歯の大きさをモジュール（m）ではなくダイヤメトラルピッチ（DP）で表しています。両者の間には、

モジュール(m)＝25．4÷ダイヤメトラルピッチ(DP)

の関係があります。モジュールは、数が大きくなるほど歯も大きくなりますが、ダイヤメトラルピッチの場合は、逆に数が大きくなるほど歯は小さくなります。

要点BOX

●かみ合いを表す用語
●かみ合い率・圧力角とは
●モジュールとダイヤメトラルピッチの関係

歯車のかみ合い動作

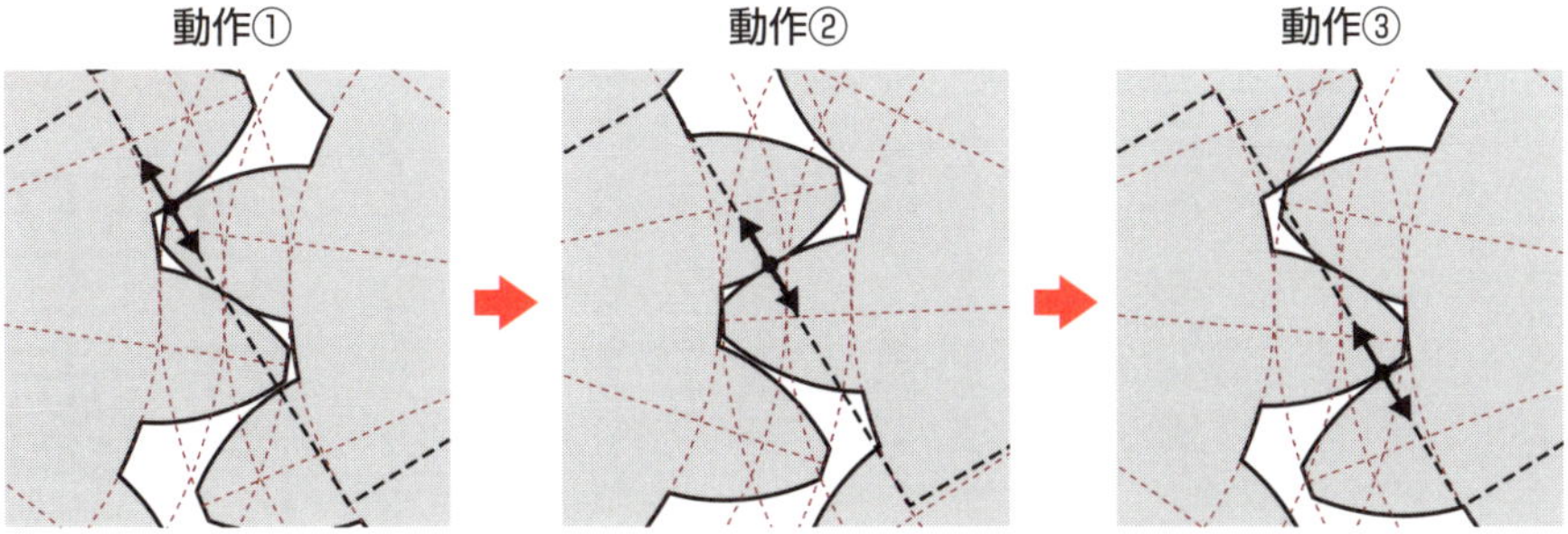

※回転方向は右歯車が反時計回りで駆動

$$かみ合い率\ \varepsilon = \frac{接触弧}{円ピッチ} = \frac{かみ合い}{法線ピッチ}$$

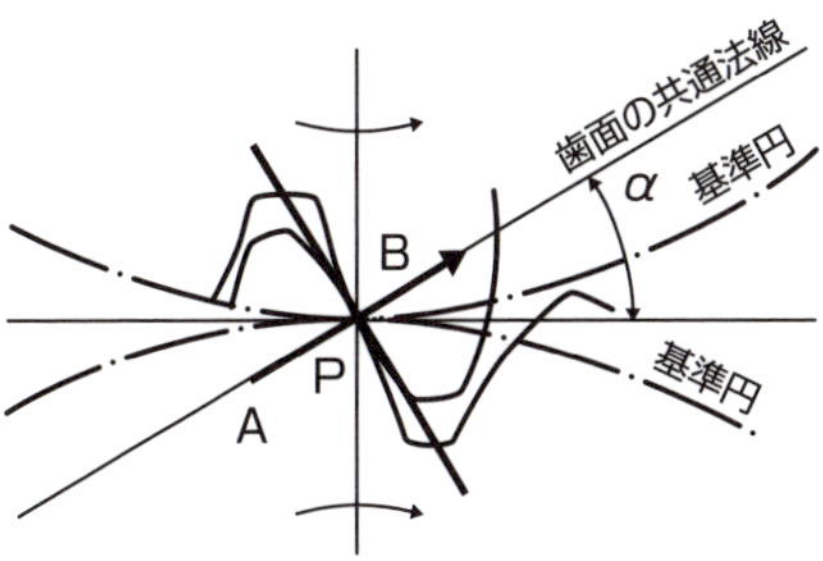

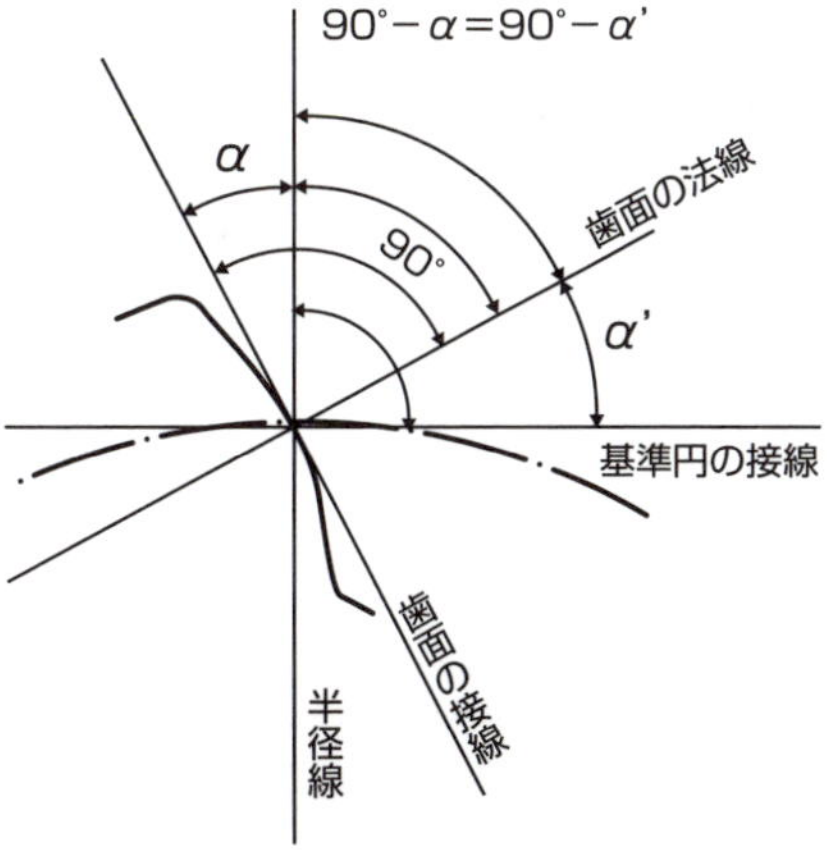

モジュール（m）＝25.4÷ダイヤメトラルピッチ（DP）

〔1 インチは 25.4 ミリメートル〕

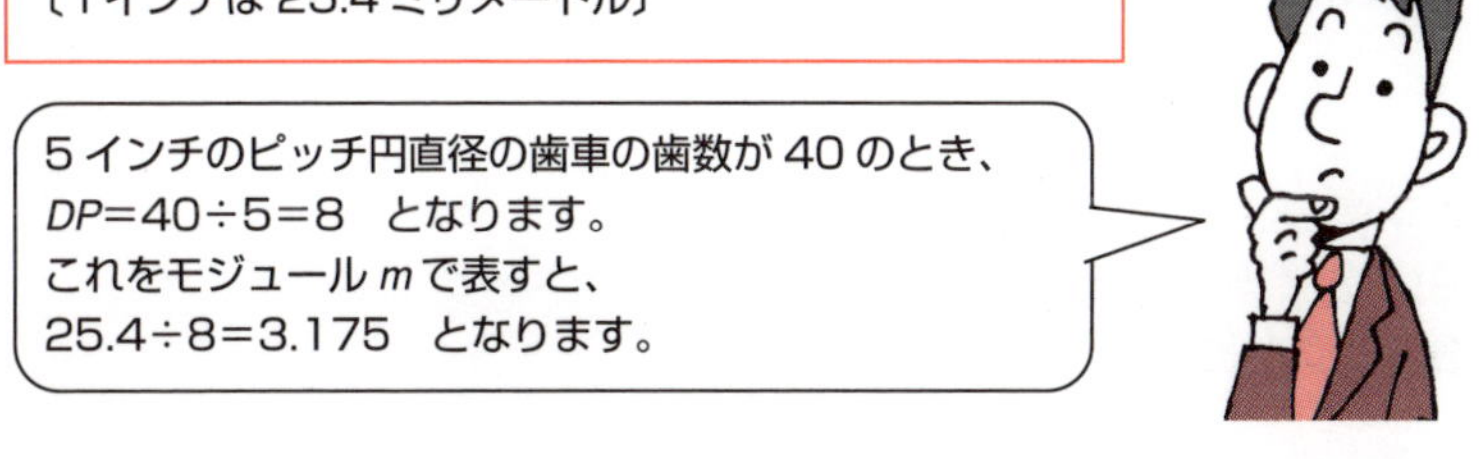

24 平歯車やはすば歯車

平《ひら》歯車は歯すじが軸に対して平行で直線状の歯をもつ一般的な歯車であり、動力伝達用に幅広く用いられています。回転方向と二軸が直角であるため、軸方向に斜めの力がかからないという特長があります。そのため、軸に直交方向のラジアル荷重を受ける一般的な深溝玉軸受を用いれば十分です。また、他の歯車と比較して簡単な形状であるため、製作も容易です。騒音や振動が問題になるような場合には、より滑らかにかみ合う歯車を用います。

はすば歯車はヘリカルギヤとも呼ばれる、歯すじが軸に対して一定の角度をもったつるまき線をした歯車です。はすば歯車は歯が少しずつかみ合うため、かみ合いに伴う衝撃が少なくなることから、平歯車より騒音や振動が小さくなります。ただし、歯すじが軸に対して傾いているため、軸方向にスラスト力と呼ばれる力がはたらきます。そのため、はすば歯車を使う場合には、スラスト荷重を受けることができるアンギュラ玉軸受や円すいころ軸受を使うか、別にスラスト軸受を使わなければならず、軸受が複雑になります。また、製作も平歯車よりは難しくなりますが、動力伝達用の歯車として、自動車の変速機であるトランスミッションなどに幅広く用いられています。

ラックは平歯車を直線上に配置したものであり、比較的小さな歯車であるピニオンとともに用いられます。ラックとピニオンを組み合わせることで、回転運動と直線運動の変換をすることができるため、機械のさまざまなメカニズムに用いられます。なお、歯すじは直線状のすぐばラックや、はすば状のはすばラックがあります。

内歯車は円筒の内側に歯が切られた歯車であり、インターナルギヤともいい、通常の平歯車などを外歯車として、組み合わせて用いられます。内歯車と外歯車の組み合わせは、減速比を大きくとることができるため、遊星歯車装置などに用いられています。

二軸が平行な歯車(1)

要点BOX
- ●平歯車の形状特徴と使い方
- ●はすば歯車の形状・特徴
- ●ラックとピニオン

二軸が平行な歯車

平歯車

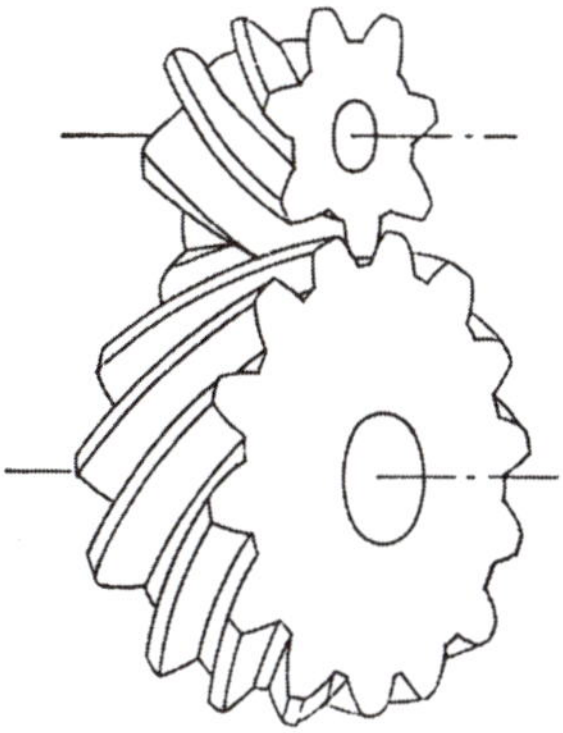

はすば歯車

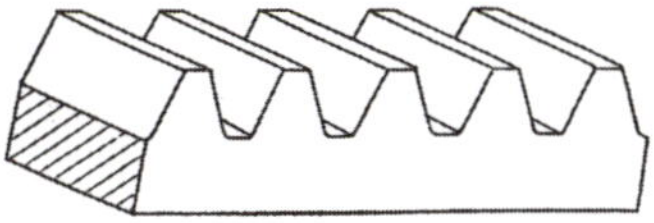

すぐばラック

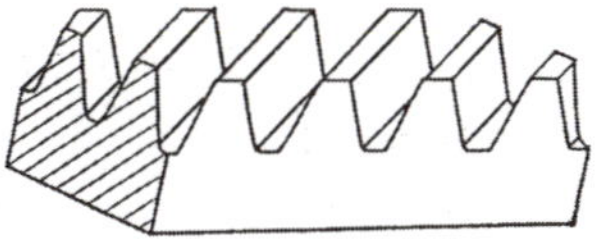

はすばラック

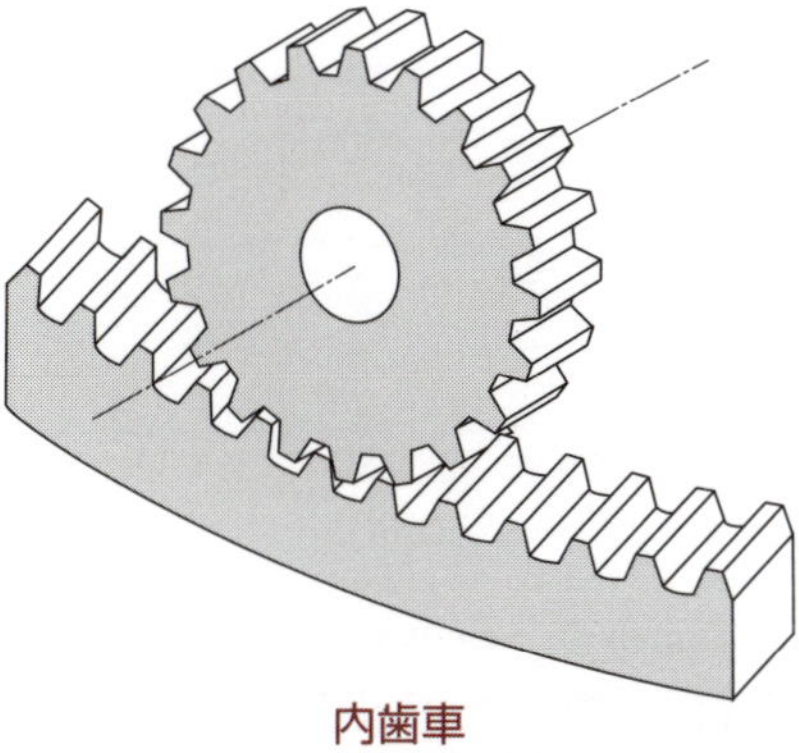

内歯車

25 やまば歯車と非円形歯車

二軸が平行な歯車（2）

やまば歯車は歯すじが左右逆向きのはすば歯車を組み合わせた歯車であり、ダブルヘリカルギヤとも呼ばれます。二組の歯車のスラスト力が逆向きにはたらくため、スラスト力を打ち消すことができます。これにより、高速でも円滑な回転ができ、強度も大きくなるため、大型の減速装置などに用いられます。ただし、歯車の製作が難しいことが課題となっています。

変わった形状の歯車として、楕円などの形をした非円形歯車があります。ここでは流量計に用いられている例とカム的な機能として用いられている例を紹介します。

流量計とは液体やガスの流れる量を測定する装置のことです。毎分数ミリリットルの微少流量から毎時数万立方メートルの大流量まで、測定する対象に合わせてさまざまな流量計があります。

その用途は、食品や飲料水の製造、自動車の製造工程、ガソリンの製油所、化粧品の工場、空港の燃料給油、半導体製造など、あらゆる産業に広がっています。

オーバルギヤ式流量計は2個の楕円形の歯車が互いの長径と短径に接する形で組み合わさって回転するものです。歯車が回転する部分はケースに収納されており、流体は歯車とケースの空間を通って上流から下流へと流れます。

流体が通過する空間の容積はあらかじめわかっているため、歯車が回転するごとに決まった容積の流体が流れることになります。そのため、歯車の回転数を測定することで、この部分を通過した流体の容積を知ることができます。

楕円のような形状をした非円形歯車は、従動側の回転速度を変化させることができるため、カム的な機能を持つ歯車として利用されています。非円形歯車は、かみ合いが深く、点でなく面でかみ合うため、大きな動力伝達にも適しています。

要点BOX
- ●逆向きのはすば歯車と組み合わせたやまば歯車
- ●楕円形歯車を組み合わせた流量計
- ●カム的機能をもつ非円形歯車

二軸が平行な歯車

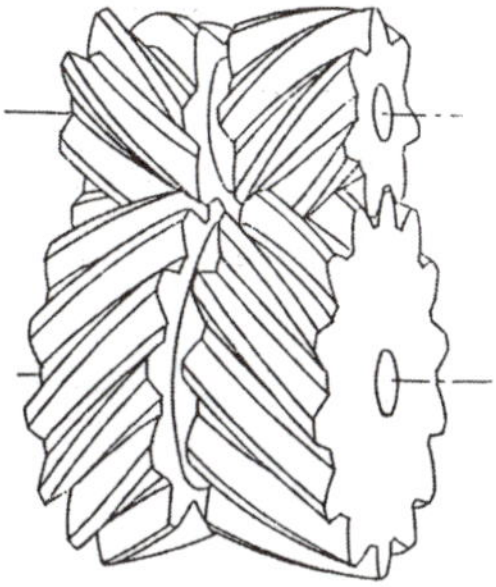

やまば歯車

スラスト力を打ち消すことができるため、大型の減速装置に適する

非円形歯車

液体やガスを流す

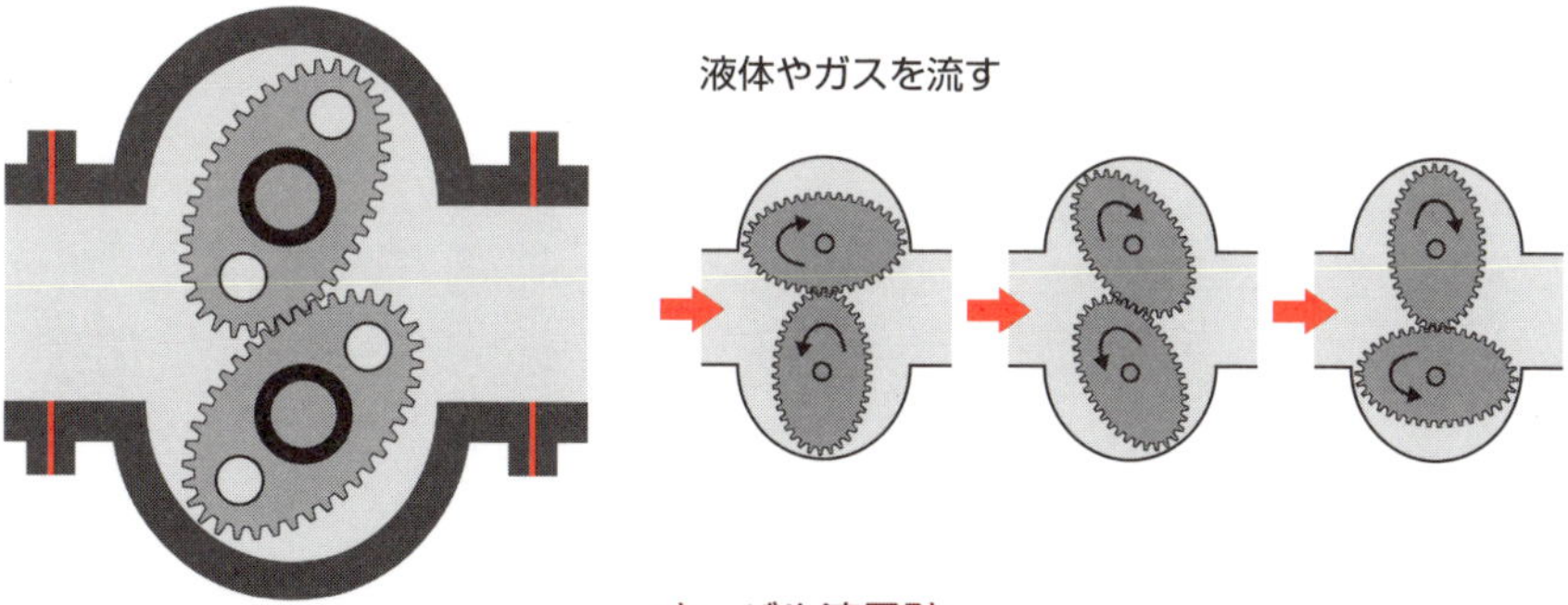

オーバル流量計

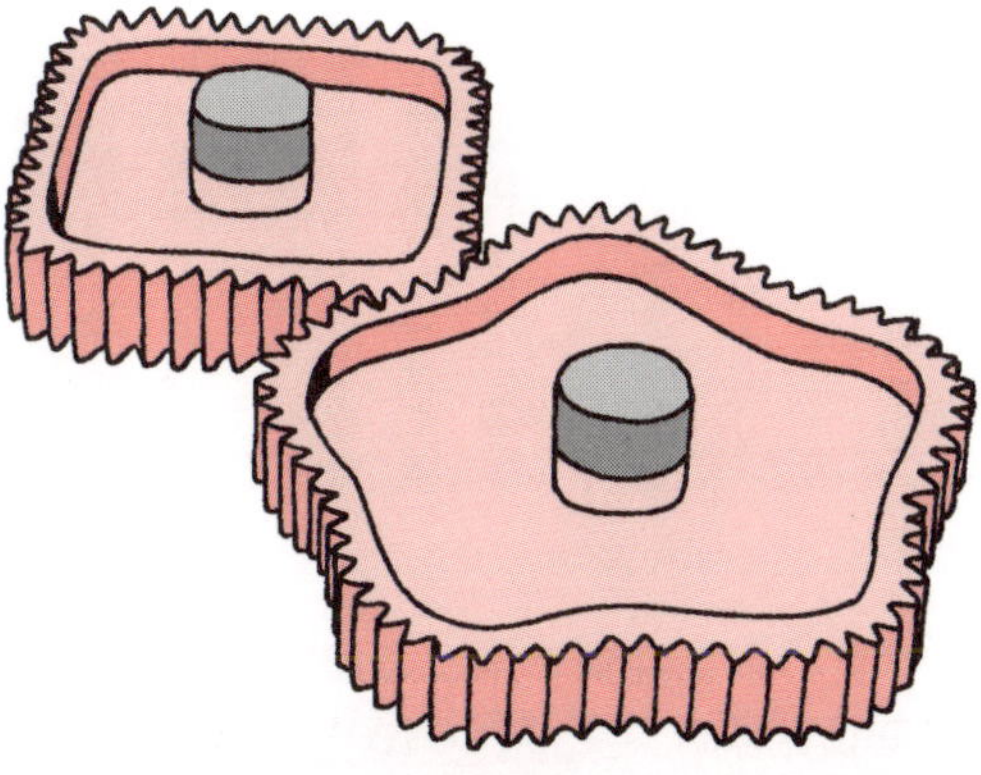

非円形歯車

26 傘の形のかさ歯車

二軸が交わる歯車

かさ歯車は交わる二軸間に用いられる円すい形の歯車のことであり、互いに交わる位置関係で動力を伝達することができます。二軸が交わる角度は90度が一般的です。かさ歯車という言葉からもわかるように、傘のまわりに歯を並べたような形状をしています。なお、英語ではベベルギヤと呼ばれており、ベベルには斜面や傾斜という意味があります。かさ歯車は歯すじの種類によって、いくつかに分類されます。

すぐばかさ歯車は歯すじがピッチ円すいの直線と一致する一般的なかさ歯車です。英語ではストレートベベルギヤと呼ばれます。後述するまがりばかさ歯車に比べるとスラスト荷重が小さいという特長があります。産業用ロボット・工作機械などに幅広く用いられていますが、騒音や振動が大きくなるため、高速回転には適していません。なお、交わるかさ歯車の歯数が同じものをマイタ歯車といい、この場合、ピッチ面は45度になります。マイタには、留め継ぎや合口の意味があります。

はすばかさ歯車は直線状の歯すじがピッチ円すいの直線と一致しないかさ歯車であり、英語ではヘリカルベベルギヤと呼ばれます。

かみ合う面積がすぐばかさ歯車よりも大きくなるため、強度が大きくなるとともに比較的、騒音や振動が小さくなります。そのため、まがりばかさ歯車が使用されることの方が多いです。

まがりばかさ歯車は歯すじが曲線状のかさ歯車であり、英語ではスパイラルベベルギヤと呼ばれます。曲線状の歯がつるまき線状に絡みつくことで、かみ合い率が向上するため、騒音や振動が少なくなります。また、滑らかな伝動によって、歯に対する負担も減少します。なお、歯筋のねじれ方向は互いに逆方向になります。高速運転にも適することから、産業用ロボットや工作機械、電動工具、農機具などに幅広く用いられています。

要点BOX
- ●90度で交わる二軸間で用いるかさ歯車
- ●すぐばかさ歯車とはすばかさ歯車の特徴
- ●騒音や振動の少ないまがりばかさ歯車

かさ歯車のいろいろ

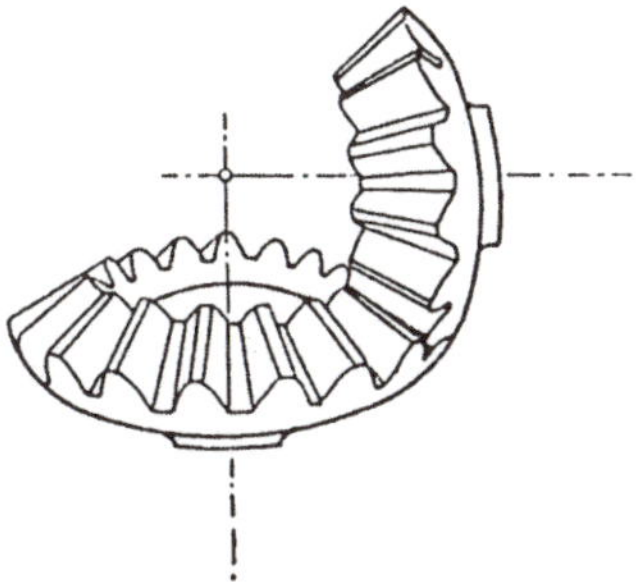

すぐばかさ歯車

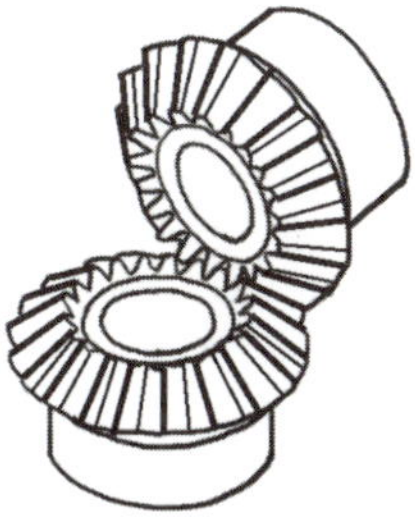

マイタ歯車

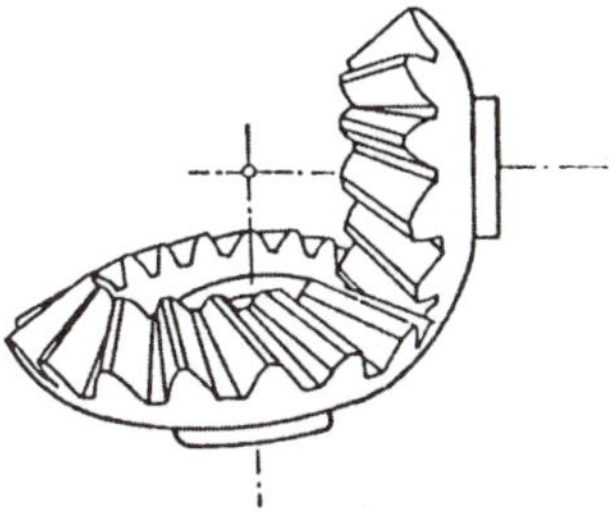

はすばかさ歯車

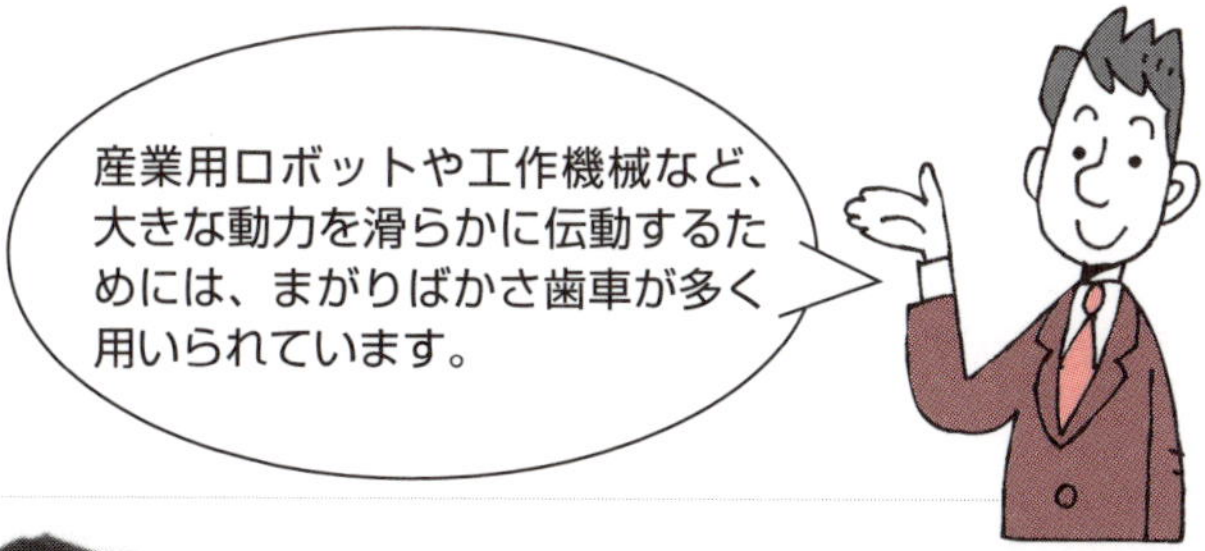
産業用ロボットや工作機械など、大きな動力を滑らかに伝動するためには、まがりばかさ歯車が多く用いられています。

まがりばかさ歯車（スパイラルベベルギヤ）

27 いも虫の形のウォームギヤ

ハイポイドギヤは自動車の駆動ギヤ

ウォームギヤは円筒形の金属などにねじのような螺《ら》旋《せん》状の歯が切られているウォームと、これとかみ合うウォームホイールを組み合わせたものであり、大きな減速比を得ることができます。ここで、ウォーム(worm)とは、これがミミズのような細長い虫に似ていることに由来しています。ウォームギヤは小型の装置で速度伝達比を大きくとれるという特長があります。目安として、1／10から1／60くらいの減速比をとることができます。

ウォームの進み角が小さくなると摩擦係数の関係で理論的にウォームホイールからウォームを回すことができなくなります。これをセルフロックといい、この性質を逆転防止として利用することもできますが、確実に止める場合には回り止めが必要になります。なお、一般的にウォームギヤとウォームホイールの二軸は90度で用いられます。

ハイポイドギヤは食い違い軸の間に運動を伝達する円すい状の歯車です。ここで食い違い軸とは、二軸が交わりもせず、平行でもない軸のことであり、ここがまがりばかさ歯車との違いです。

この歯車はハイポイドギヤとハイポイドピニオンからなり、それぞれウォームギヤとウォームピニオンに相当します。ウォームギヤと同じく、歯数比が大きいため、大きな減速比を得ることができるという特長があります。英語ではこの歯車をハイポイドスパイラルベベルギヤといいます。

まがりばかさ歯車が転がり作用をもつのに対して、ハイポイドギヤは歯筋方向への滑りがあるため、騒音や振動をおさえることができます。

ハイポイドギヤは、米国グリーソン社で開発された直交軸歯車で、主に自動車の後輪駆動用ディファレンシャルギヤとして発達してきた歯車であり、現在でも乗用車やバス、トラックなどに幅広く用いられています。

要点BOX
- ●ウォームギヤの形状と特徴
- ●ハイポイドギヤの形状と特徴
- ●どちらも減速比が大きい

減速比が大きい高機能の歯車

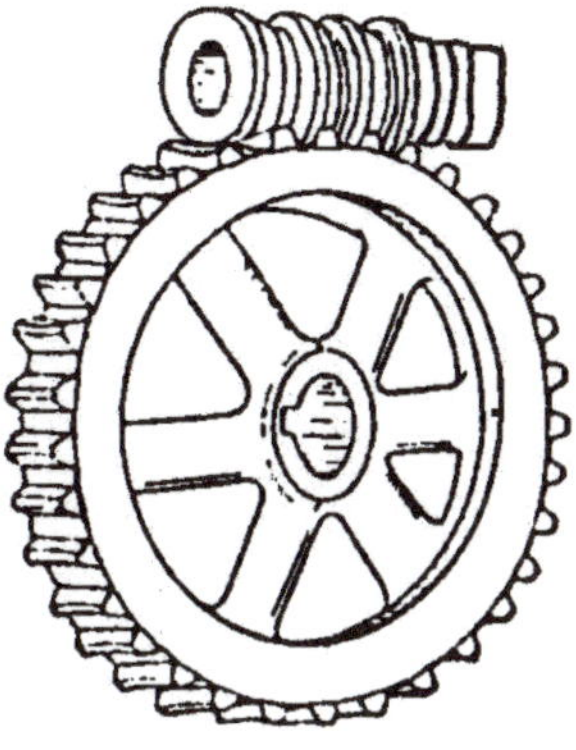

ウォームギヤ

ウォームギヤは小形の装置で速度伝達比を大きくとれるという特長があります。

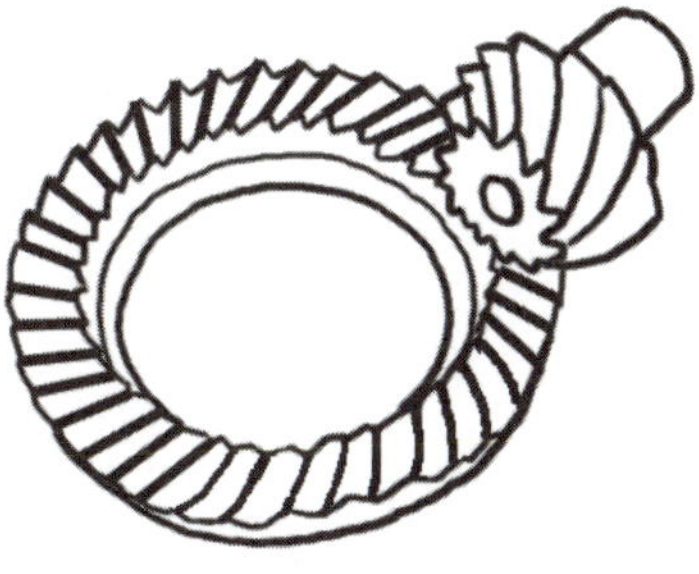

ハイポイドギヤ

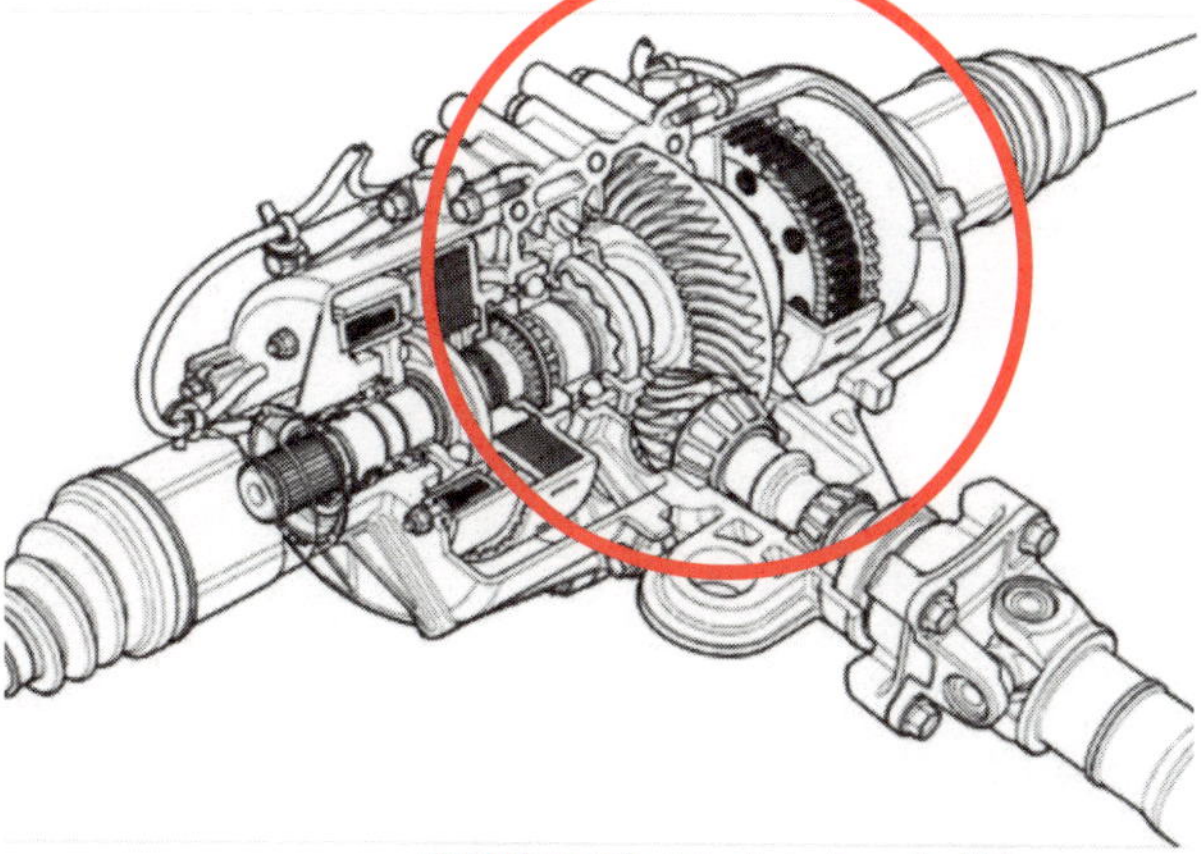

自動車のディファレンシャルギヤ

ハイポイドギヤは歯筋方向の滑りがあるため、騒音・振動をおさえるという特長があります。

28 王冠の形の冠歯車

ねじ歯車やスプライン、セレーション

冠歯車はピッチ面が平面になったかさ歯車の一種であり、歯の形状が王冠に似ているため、クラウンギヤとも呼ばれます。平歯車におけるラックのようなものであり、速度比が大きく、二軸が交わる歯車です。冠歯車のピッチ円すいの角度は90度であり、かさ歯車とも平歯車とも組み合わせて用いられます。用途としては、大きな動力を伝動するようなものではなく、小型のギヤボックスなどに多く用いられています。その材質は金属製だけでなく、樹脂製もあります。

ねじ歯車は歯車の軸が互いに交わらず、平行でないところに用いられる、食い違い軸用のはすば歯車です。比較的に軽負荷の場面において、はすば歯車同士やはすば歯車と平歯車の組合せで用いられます。ねじ歯車というものの、歯車そのものははすば歯車です。

歯車とはやや異なりますが、歯を利用したものにスプラインやセレーションがあります。

スプラインは、歯のような溝がついた軸を溝がついた穴に組み合わせて軸と穴とを結合したものです。スプラインには歯の側面が直線的である角形スプラインと、インボリュート曲線であるインボリュートスプラインとがあります。歯車を用いた自動車の変速装置などにおいて、歯車を軸にそって滑り動かし、歯のかみ合いを変えて変速を行う場合などに用いられます。

セレーションは、直訳すると鋸《のこぎり》の歯のことで、回転軸と部品の連結部などに用いられる溝状のギザギザした部分のことです。そして、セレーションをもつ軸をセレーション軸といいます。セレーション軸は、スプライン軸よりも噛み合わせに遊びが無く高トルクの伝達に適しており、ステアリングシャフトとハンドルのようにスライドさせずに完全に結合させる部分に用いられます。

全体的には、スプラインはトルク伝達、セレーションは位置固定に用いられることが多いです。

要点BOX
- ●冠歯車の形状と特徴
- ●ねじ歯車の形状と特徴
- ●スプライン、セレーションの用途

いろいろな歯車

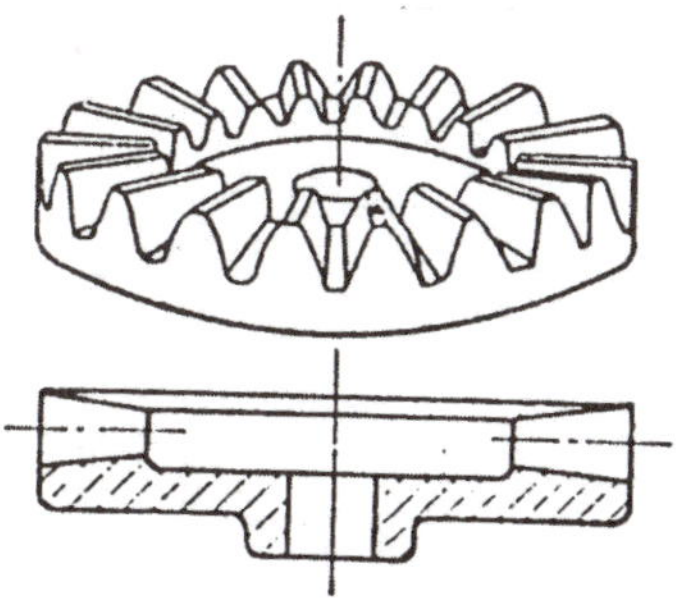

冠歯車

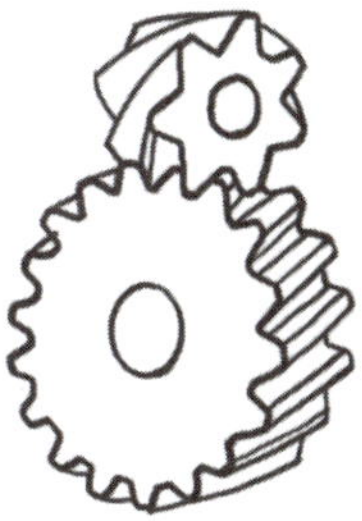

ねじ歯車

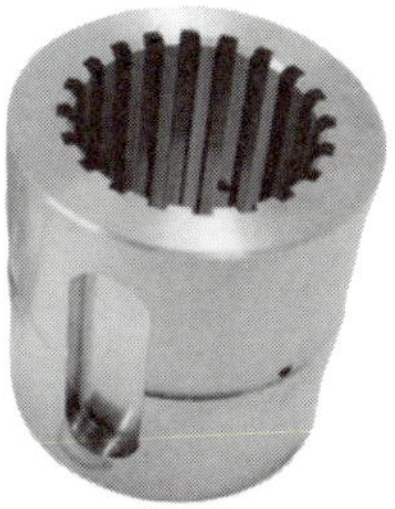

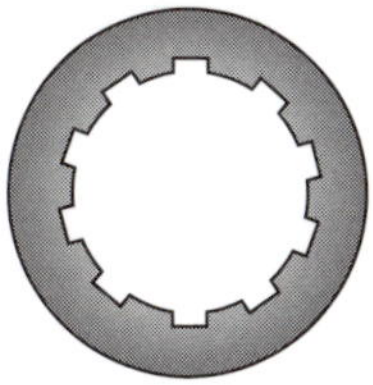

角形スプライン

インボリュートスプライン

セレーション

29 理論的に正しくかみ合う標準平歯車

歯車の互換性のために

歯車のピッチ円を直線状にしたものをラックといい、これは歯車を切削する工具に使用されています。ここで、圧力角（20度）やピッチ、歯たけ、歯厚などを決めたラックを基準ラックといいます。基準ピッチ線上の歯厚は基準ピッチの半分になります。

ラック工具の基準ピッチ線を歯車のピッチ円に接して歯切りをしたものを標準平歯車といい、その各部寸法が規定されています。

歯車がかみ合う円であるピッチ円直径dは、歯数をz、モジュールをmとすると、$d=mz$で表されます。また、歯車の歯先を含む外径である歯先円d_aは$d_a=m(z+2)$で表されます。ピッチ円から上の歯の高さを歯末のたけh_aといい、これはモジュールと同じ値になり、$h_a=m$で表されます。ピッチ円から下の歯の高さを歯元のたけh_fといい、これはモジュールの1・25倍以上になり、$h_f \geqq 1.25m$で表されます。よって、歯末のたけh_aと歯元のたけh_fを合わせた全歯たけhは、$h \geqq 2.25m$で表されます。また、歯元のたけh_fと相手歯車の歯末のたけh_aとの差を頂げきcといい、$c=h_f-h_a \geqq 1.25m-m \geqq 0.25m$で表されます。ピッチ円に沿った歯の厚さを円弧歯厚$s$といい、$s=\pi m/2$で表されます。なお、実際にかみ合う歯車の間には、滑らかに回転させるために、バックラッシが設けられています。

はすば歯車は、標準はすば歯車として規定されています。標準平歯車にくらべてねじれ角が増えたことにより、設計や製作は複雑になります。歯直角つるまき線に沿って測ったピッチP_n（歯直角ピッチ）を円周率πで割った値が歯直角モジュールm_nであり、これと歯直角圧力角α_nを基準とするのが歯直角方式はすば歯車です。歯直角方式はすば歯車においては、モジュールm_nと圧力角α_nが同じであれば基準円筒ねじれ角βが異なっても同じ工具で歯切りすることが可能です。

要点BOX
- ●標準平歯車の各部寸法
- ●標準平歯車の計算
- ●はすば歯車の標準

標準平歯車のかみ合い

（α=20°、z_1=12、z_2=24）

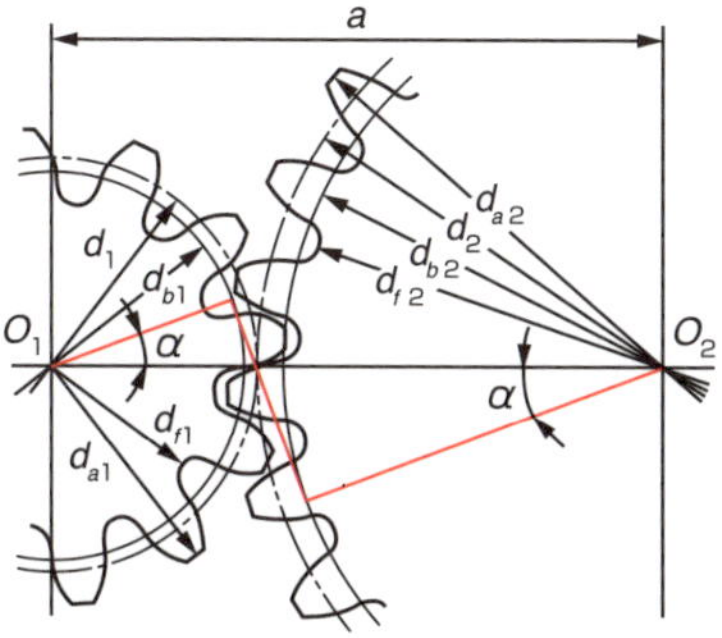

標準平歯車の計算

計算項目	記号	計算式	計算例	
			小歯車(1)	大歯車(2)
モジュール	m		3	
基準圧力角	α		20°	
歯数	z		12	24
中心距離	a	$\frac{(z_1+z_2)m}{2}$ (※)	54.000	
基準円直径	d	zm	36.000	72.000
歯末のたけ	h_a	$1.00m$	3.000	3.000
全歯たけ	h	$2.25m$	6.750	6.750
歯先円直径	d_a	d_0+2m	42.000	78.000
歯底円直径	d_f	$d_0-2.5m$	28.500	64.500

（※）記号に添字1、2をつけることにより、小歯車と大歯車を区別する。

標準はすば歯車（右ねじれ）

$$m_n = \frac{P_n}{\pi}$$

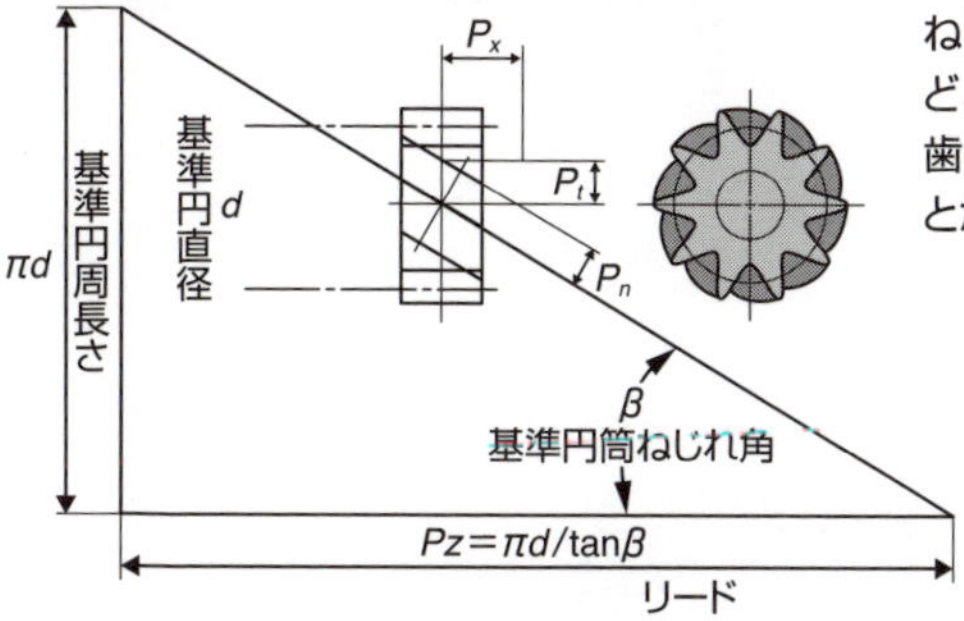

ねじれ角が大きいほど、最小歯車の限界歯数を小さくすることができる

30 歯の干渉を防ぐ転位歯車

歯車の最小歯数は17

インボリュート歯車がきちんとかみ合うためには、歯車のピッチ円が必ず一点で接触しながら回転する必要がありました。しかし、かみ合う歯車の歯数の比が大きかったり、1枚当たりの歯数が少ない場合などには、一方の歯先がもう一方の歯元に接触するなどして回転ができなくなることがあります。この現象を歯の干渉といいます。またラック工具などで歯切りをする場合、歯車の歯元における歯形曲線の一部分が切りとられてしまうことがあります。この現象を歯の切下げといいます。

これらを解消するために、標準平歯車では等しい位置にあったラック工具の基準ピッチ線と歯車のピッチ円をいくらかずらした歯車を転位歯車といいます。工具の基準ピッチ線が歯車のピッチ円の外側にあるものを正の転位、内側にあるものを負の転位といいます。

転位の目的の基本は中心間距離を合わせる、切り下げを防ぐ、適当なバックラッシを得ることなどです。たとえば、設計上、歯車の中心間距離が決まっている場合や同じ機械で替歯車によって減速比を変えたい場合など、標準平歯車では中心間距離を調整できないことがあります。そのような場合、転位係数で調整できます。

歯車の圧力角が20度の場合、歯数が17以下になると切下げが起こり、歯の強さが弱くなります。そのため、理論的な歯車の最小歯数は17となり、実用的には14までとされています。ここで正転位を行うと歯元厚さが太くなるため、切下げの防止になるとともに、かみ合い率が増加します。そのため、歯数が少ない歯車には有効的です。正の転位をした歯車の歯形は、歯元が幅広く、曲げに強い形状になります。一方で負転位をした歯車の歯形は逆に歯元が切り取られて、切下げを起こしやすくなるため、曲げに弱い形状になります。

要点BOX

- ●歯の干渉と歯の切下げ
- ●転位歯車とは
- ●正の転位と負の転位

転位歯車

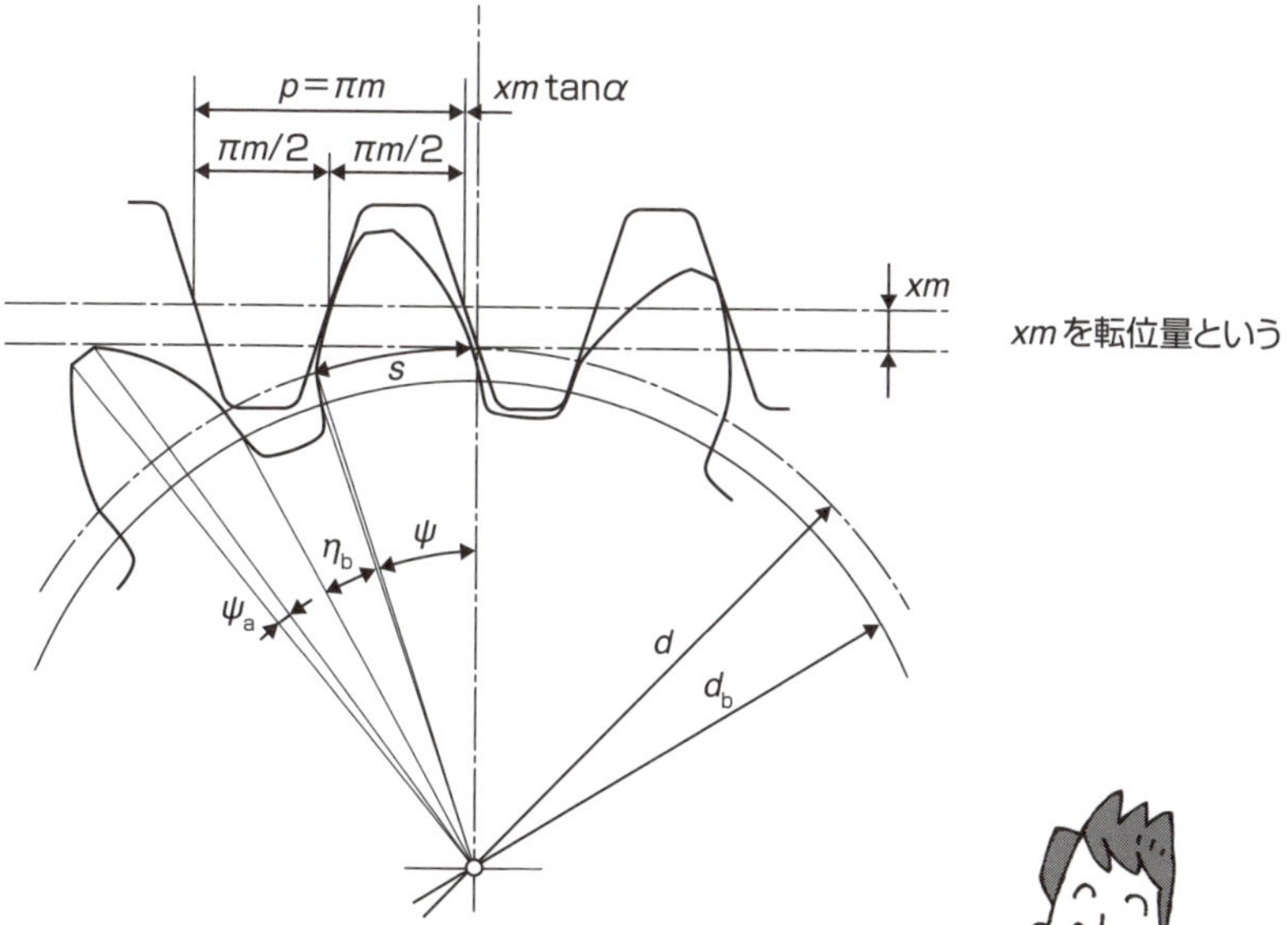

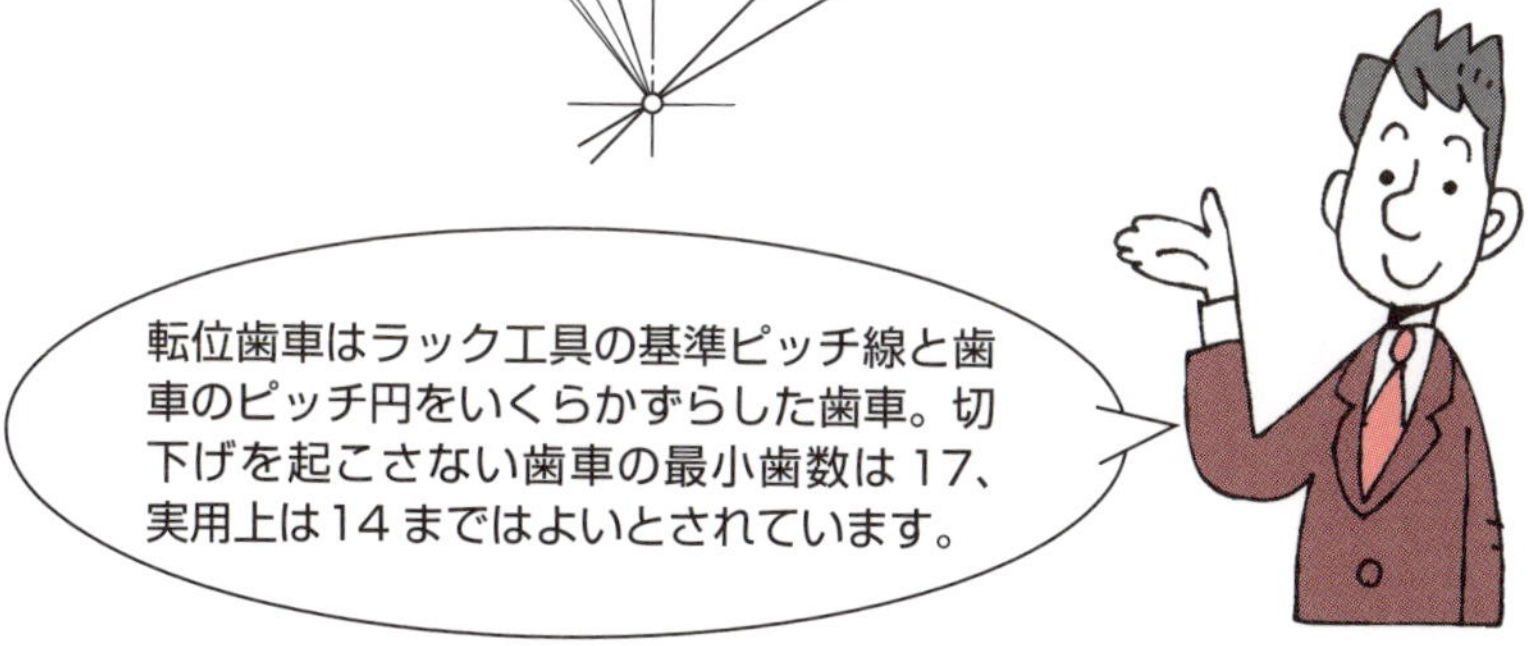

正の転位

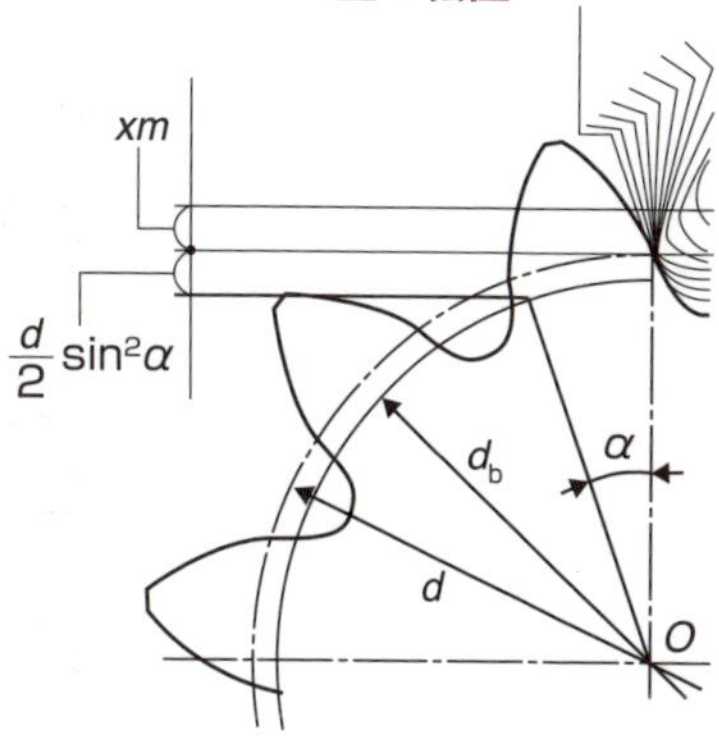

負の転位

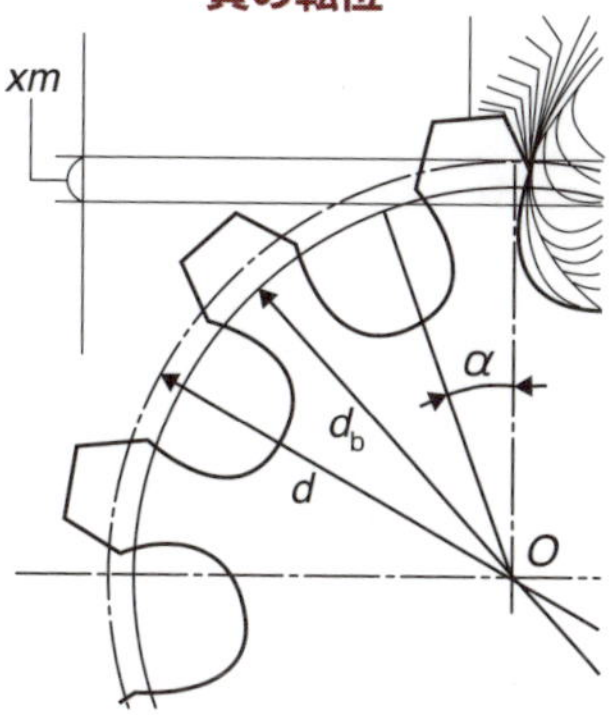

基準ピッチ線が歯車のピッチ円の外側にあるものが正転位、内側にあるものが負転位

31 歯車が付いた歯付きベルト

ベルトが滑らず良いタイミングで回転

歯付きベルトはベルトの内側に40度程度の台形状の歯を付けたベルトであり、タイミングベルトとも呼ばれます。歯付きベルトの長所として、歯車と同じようなかみ合い伝動をするため、すべりが発生することなく回転を確実に伝えることができ、騒音や振動が小さく、初張力も小さくてすむなどの特長があります。また、ゴムの特性を生かしたしなやかさをもつこと、潤滑油が不要なこと、軽量なゴムの使用による回転効率の向上などのメリットもあります。一方、短所としては、金属製のチェーンなどより耐久性や剛性に欠けるため、長時間の使用による材質の劣化により、ベルトが切れることがあげられます。

一般的な歯付きベルトは、Vベルトと同様に合成繊維によってつくられた心線をゴムで覆って成形されています。また、歯付きプーリの材質は鋼や鋳鉄が一般的ですが、小形のものにはアルミニウム合金なども用いられています。

歯付きベルトは、正確な位置決めが可能であることから、コピー機やプリンタ、自動車のエンジンなど、さまざまな分野で用いられています。自動車やオートバイの動力伝達に用いられる歯付きベルトは、正確な位置決めよりも、チェーンの代替品として、メンテナンスの手間の削減、騒音の低下、ベルトの弾力による衝撃の緩和などが期待されています。

歯付きベルトは、JISによって、一般用歯付きベルト（JIS K 6372）と軽負荷用歯付きベルト（JIS K 6373）の歯形形状や寸法などが規定されています。歯付きベルトは1940年に米国で実用化されたため、歯ピッチはインチが基準になっており、3／8インチ（9・525ミリ）と1／2インチ（12・70ミリ）の2種類からはじまり、その後さらに数種類が増えました。

現在、JISでは、XL、L、H、XH、XXHの5種類があり、XLから順番に歯が大きくなります。

要点BOX
- ●歯付きベルトの形状と特徴
- ●歯付きベルトの用途
- ●歯付きベルトのJIS

歯付きベルト

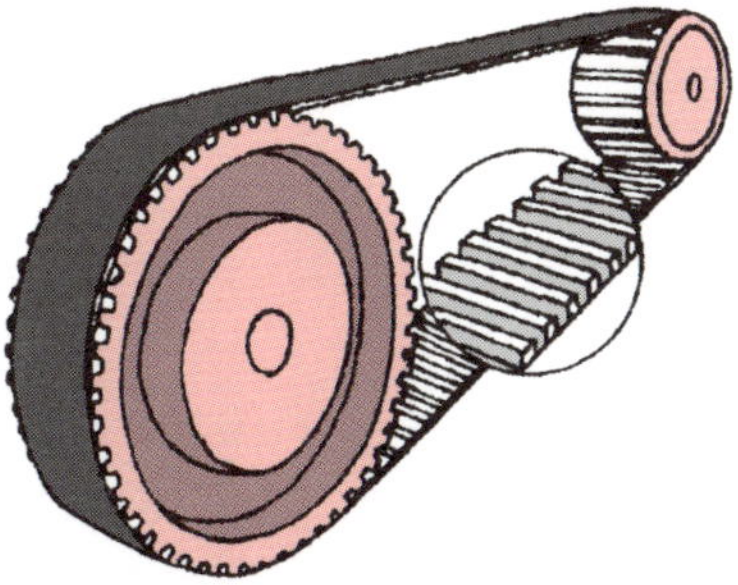

自動車エンジンに用いられる歯付きベルト

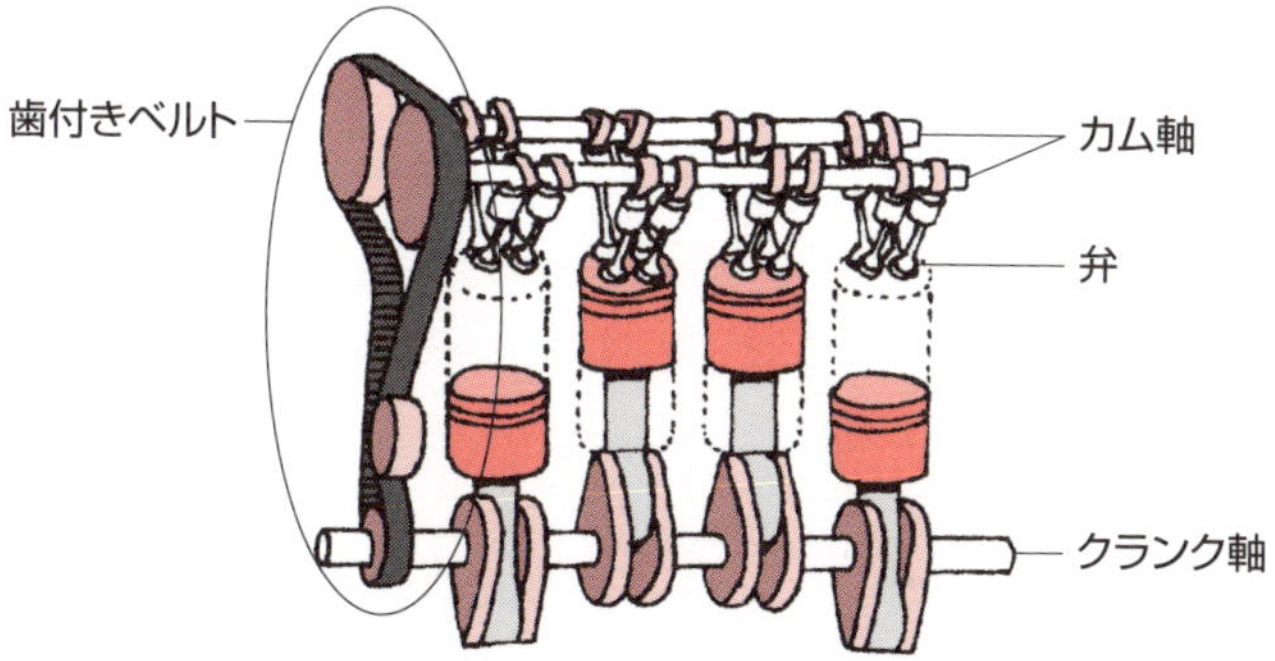

一般用歯付きベルトの種類

XL	ベルトピッチ5.080ミリ	XH	ベルトピッチ22.225ミリ
L	ベルトピッチ9.525ミリ	XXH	ベルトピッチ31.750ミリ
H	ベルトピッチ12.700ミリ		

32 ラチェットとゼネバストップ

一方向運動や間欠運動のメカニズム

歯車は一定の回転速度で正転・逆転を行うものでしたが、実際の機械設計では回転の方向を一方向に制限したり、回転を間欠的に伝えたい場合があります。これらは歯車には分類しないものですが、回転運動を伝えるメカニズムとして紹介しておきます。

ラチェットは、動作方向を一方に制限するために用いられるメカニズムです。一般的には歯車と爪を組み合わせて、ラックに取り付けられています。この歯車は通常の歯形とは異なり、左右非対称な山形をしています。爪はこの歯車にもたれかかるように配置されており、歯車が回転する場合には、爪は歯をまたいで次の歯に向かいます。このとき、歯形が非対称になっているため、逆に回転させたとしても、爪が食い込んでしまい、逆回転はできません。

ラチェットを取り入れたメカニズムは、逆回転をすると困るものに幅広く用いられています。具体的には、重量物の移動に用いられる巻き上げ機（ウインチ）、ボルトやナットの締め付けにおいて、戻す場合に空回りすることで素早く締め付けができる工具であるラチェットレンチ、自転車の回転が一方向にしか伝わらないようなフリーホイールなどに用いられています。

ゼネバストップは、回転したり静止したりを繰り返す間欠運動を伝えることができるメカニズムです。ゼネバストップにはいくつかの種類がありますが、基本形となるのは、いくつかの切欠き部をもつ駆動側の円板が回転中に突起をもつ従動側の円板に接しており、突起が切り欠きの入るときだけ従動側は回転します。すなわち、切欠き部が8個ある場合には従動節は原動節の1／8だけ回転することになります。従動節を原動節の1／4だけ回転させた場合には、切欠きを4個にすればよいことになります。

ラチェットもゼネバストップも基本的な動きを理解すれば、発展的にいろいろと改良ができるメカニズムです。

要点BOX
- ●爪と組み合わせたラチェット
- ●逆回転不可のものによく使われる
- ●ゼネバストップの機構と動作

ラチェット

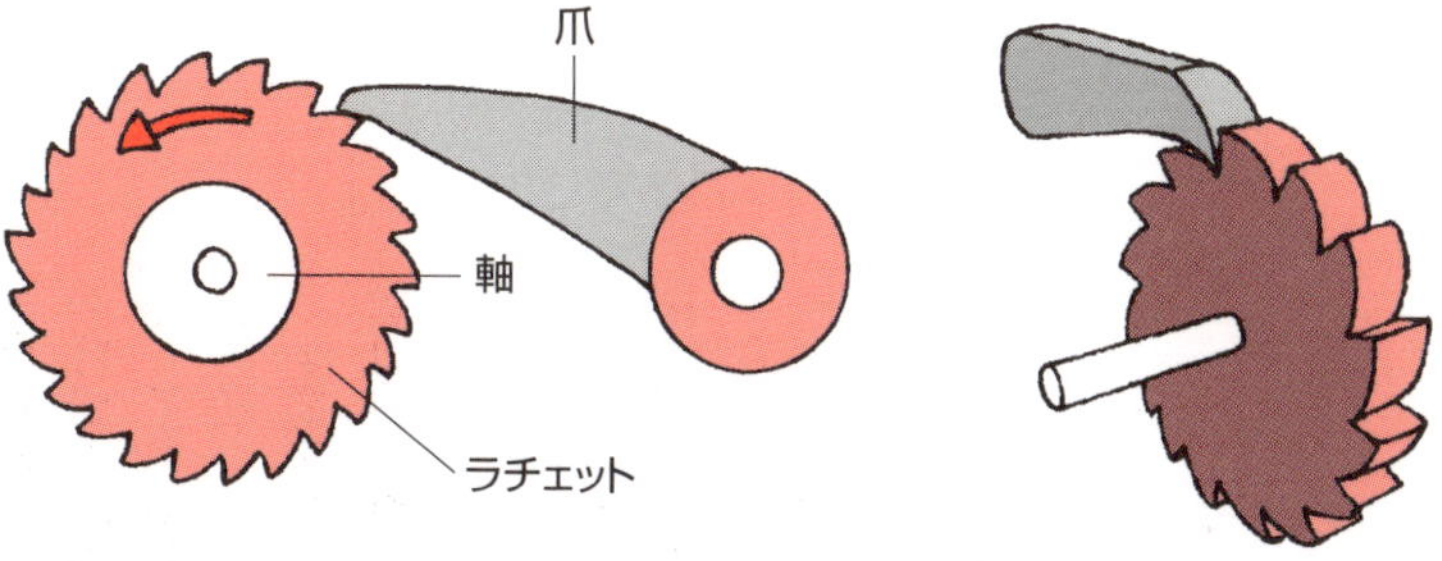
爪
軸
ラチェット

ラチェット付きドライバ

右に回転させてねじを締め、
左に回転させても空回りする
だけでねじは緩みません。

ゼネバストップ

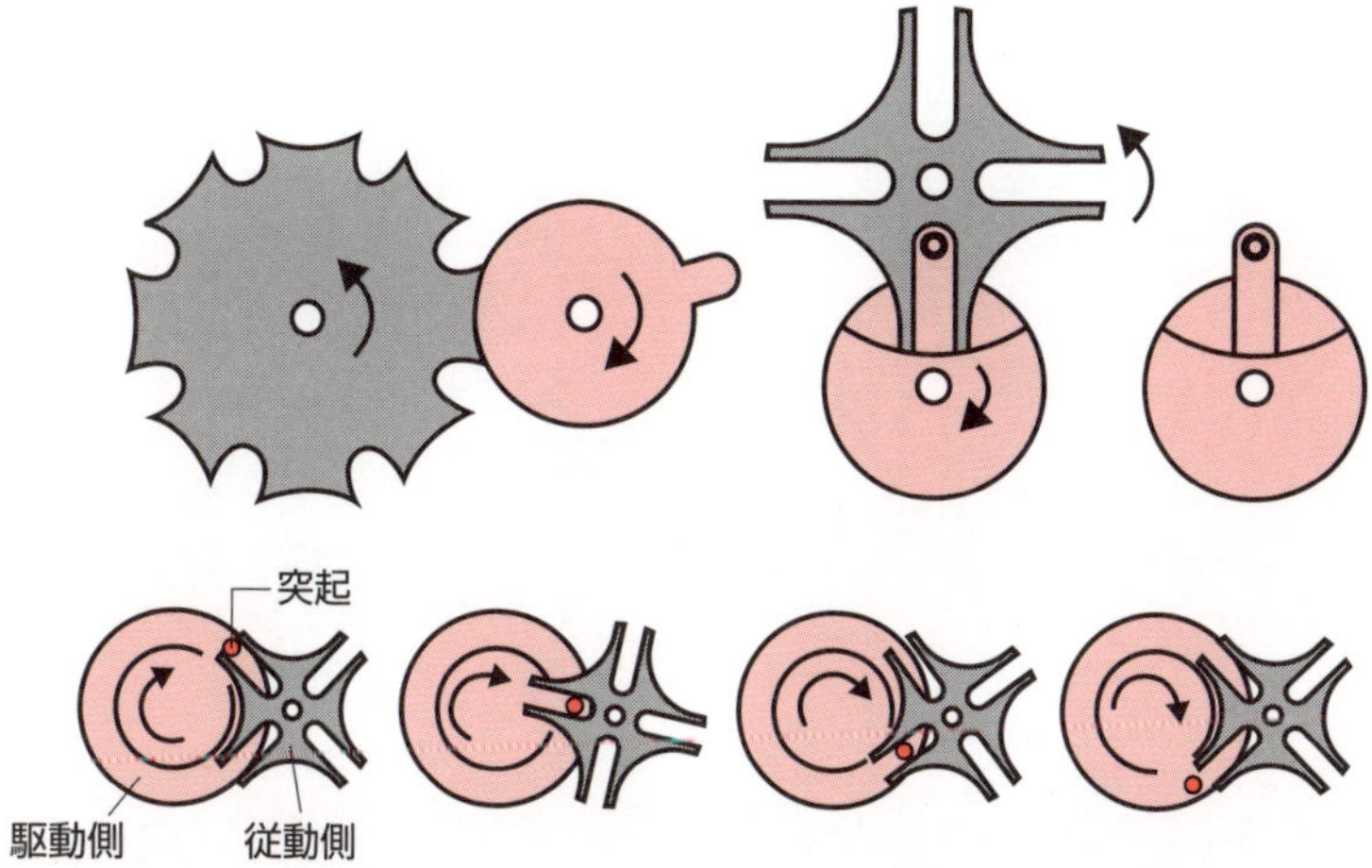
突起
駆動側
従動側

Column

スチームパンク

スチームパンクとは、産業革命の原動力となった蒸気機関が現実の歴史の絶頂期のありようを超越して発展した技術体系や社会を前提としたSF作品です。

産業革命から世界大戦頃までの社会を舞台とする作品が多く、歯車やねじなどを組み合わせた人体改造、階差機関、解析機関、機械式計算機、飛行船などの飛行機械などが登場します。

一方でスチームパンクは歯車などの金属部品で製作した作品を身につけるファッションとしても浸透していきます。近年では日本国内でもスチームパンクの関連書籍が出版されるなど、密かなブームとなっています。

第4章

動きと力を伝える歯車のしくみ

33 速度伝達比

複数の歯車で回転速度を変換

歯車は一組だけでなく、複数個を順番にかみ合わせて動力を伝達することが多く、これを歯車列といいます。

回転を伝える側の駆動歯車の回転速度をn_1〔min^{-1}〕、歯数をz_1〔枚〕、ピッチ円直径をd_1〔㎜〕、回転を伝えられる側の被動歯車の回転速度をn_2〔min^{-1}〕、歯数をz_2〔枚〕、ピッチ円直径をd_2〔㎜〕としたとき、n_1とn_2の比を速度伝達比iとすると、これは次式で表されます。

$$i=\frac{n_1}{n_2}=\frac{d_2}{d_1}=\frac{mz_2}{mz_1}=\frac{z_2}{z_1}$$

なお、ピッチ円直径の大きさが異なる歯車においては、ピッチ円直径が小さな歯車を駆動歯車とした場合には減速装置、ピッチ円直径が大きな歯車を駆動歯車とした場合には増速装置になります。一般的な機械では多くの場合、歯車の組み合わせは減速装置として用いられます。

また、駆動歯車と被動歯車の中心間距離a〔㎜〕は次式で表されます。

$$a=\frac{d_1+d_2}{2}=\frac{m(z_1+z_2)}{2}$$

歯数がz_3〔枚〕である被動歯車をもう1枚加えたときの速度伝達比は次式で表されます。

$$i=\frac{n_1}{n_3}=\frac{n_1}{n_2}\cdot\frac{n_2}{n_3}=\frac{z_2}{z_1}\cdot\frac{z_3}{z_2}=\frac{z_3}{z_1}$$

この関係式から、3枚の歯車による速度伝達比は駆動歯車と被動歯車の比によって決まり、間にある歯車の歯数には関係しないことがわかります。なお、歯車の回転方向は2枚の場合には逆方向になりますが、3枚の場合には駆動歯車と被動歯車の回転は同方向になります。

なお、間にある歯車のことを遊び車といい、回転速度の変換には関係せず、主に回転方向を変えるために用いられます。

要点BOX

- ●歯車の速度伝達比の計算
- ●歯車の組合せで大→小は増速、小→大は減速
- ●遊び車は回転方向の変更に用いる

速度伝達比の計算

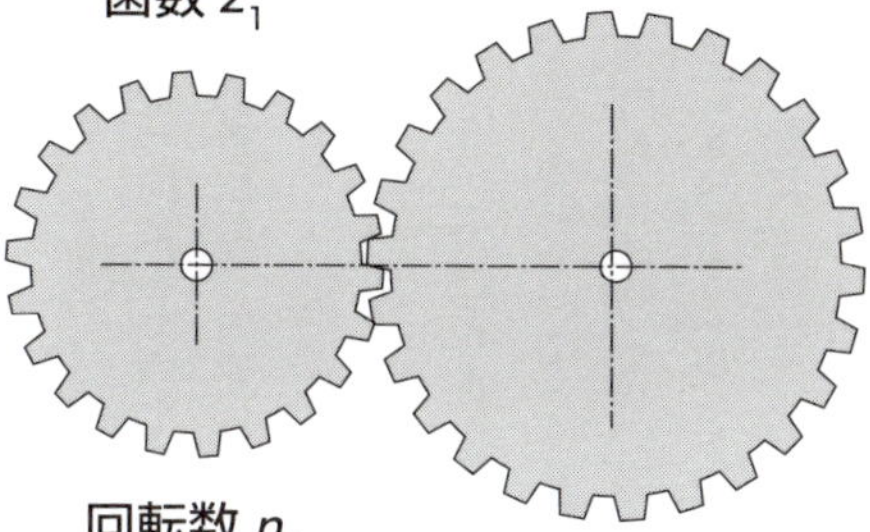

例　駆動歯車が1分間に 600 回転するとき、被動歯車の回転速度を求めなさい。また、この歯車の中心間距離を求めなさい。ただし、駆動歯車の歯数を 20 枚、被動歯車の歯数を 80 枚、駆動歯車のピッチ円直径を 40mm、被動歯車のピッチ円直径を 160mm とします。

答　速度伝達比 $i=z_2/z_1=80/20=4$
よって、被動歯車の回転速度 $n_2=n_1/i=600/4=150$〔min^{-1}〕
中心間距離は $a=(40+160)/2=100$〔mm〕

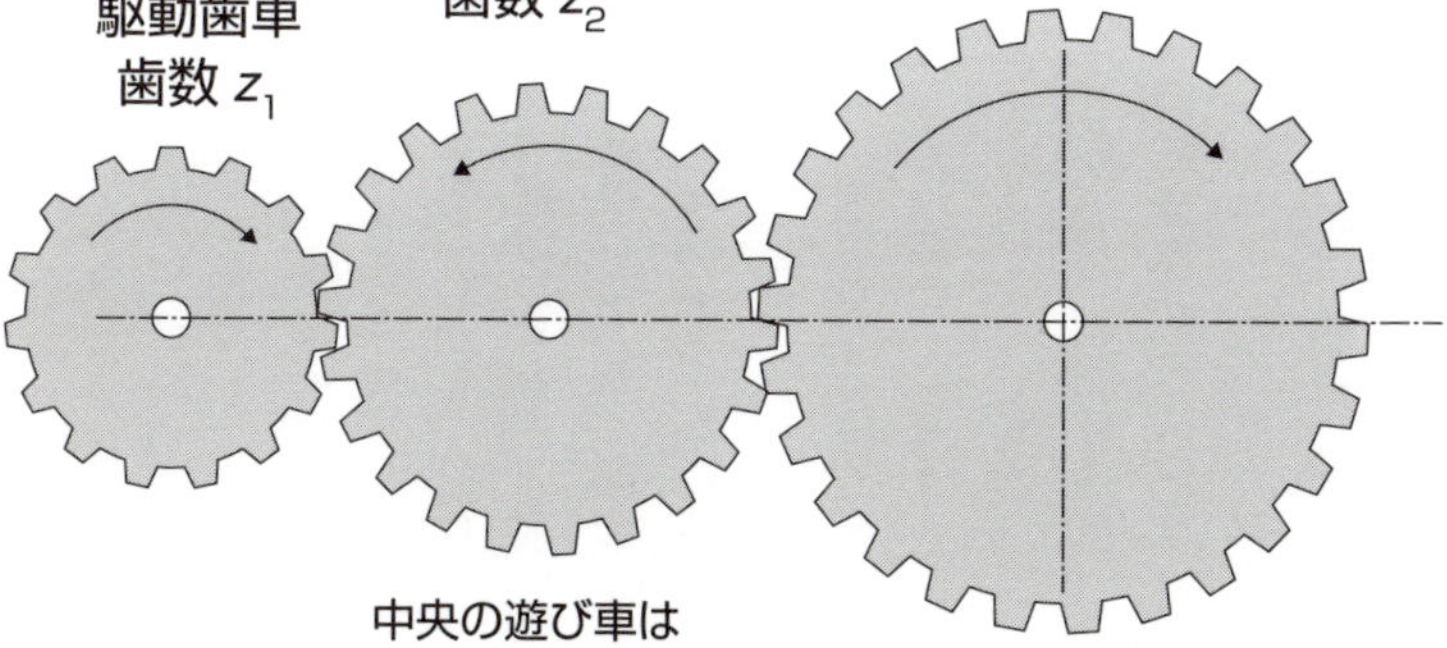

34 歯車列のはたらき

回転速度とトルクの変換

歯車列は歯数が異なる歯車をかみ合わせることで、回転速度や回転方向の変換ができることがわかりました。ところで、なぜ歯車を用いて機械の回転運動の速度を変換する必要があるのでしょうか。

どんな機械にも、ガソリン機関や電気モータによる滑らかな回転運動を生み出す元となる原動機があります。そして、この根元の回転速度はできるだけ大きく、滑らかなものが優れているとされます。なぜなら、大きな回転速度ならば何らかの方法で小さな回転速度に変換できますが、エネルギーの供給をすることなしに元の回転速度より大きくすることはできないからです。それでは、大きな回転速度を小さな回転速度に変換するには、どのような方法が考えられるでしょうか。

たとえば、ガソリンの爆発力を回転運動に変換するガソリン機関では、爆発させる燃料を調整することで出力を制御することができそうですし、ロボットに使われている電気モータならば、電圧を変換することで、回転速度を制御することもできそうです。もちろん、そのような方法もあります。しかし、総じていうと、原動機の回転運動は一定にしておき、歯車を用いて回転速度や回転力を変換した方が、都合がよい場面が多いのです。そして、そのために用いられるのが歯車列になります。

ここで回転運動を考えるとき、重要となる物理量には回転速度だけでなくトルクがあります。ここでトルクとは回転軸のまわりの力のモーメントのことです。そして、回転運動の動力は、このトルクと回転速度の積で決まります。そして、回転速度とトルクには反比例の関係があります。

たとえば、高速で回転していても指で簡単に抑えることができるようなものはトルクが小さいといえます。また、一方でゆっくりと回転しているものでも、トルクが大きければ容易に停止させることはできません。

要点BOX
- ●歯車回転速度を変換する理由
- ●回転速度とトルクは反比例
- ●トルクの大きい、小さいのイメージ

歯車列のはたらき

自動車のエンジン

エレベータのエンジン

エンジンもモータもトルクが大きくて高速の滑らかな回転運動を得られるものが優れていると見なされる

▼

ただし、トルクと回転速度は一般的に相反する性質がある

▼

そのため、高速の回転運動が得られる回転軸に歯車列を取り付けることによって、回転速度を落として、トルクをアップするという方法がとられる

トルクと回転速度の調整には電圧を変換するなど、電気的な方法もあるが、歯車を用いて調整する場面は現在でも多く用いられているため、機械設計における重要事項として位置づけられている。

35 減速歯車装置

回転速度を下げてトルクを上げる

機械の回転運動を考えるときには、回転速度よりもトルクがほしいことが多くあります。そのため、自動車のガソリン機関にもロボットのモータにも、その回転速度を下げてトルクを上げるための減速歯車装置が用いられるのです。

すなわち、減速歯車装置は歯車を用いて、回転速度を下げてトルクを上げる装置であるといえます。たとえば、入力される回転速度を1／2にすることで、トルクを2倍にすることができるのです。なお、減速装置には歯車を用いた方式だけでなく、ベルトやチェーンの伝動を用いた方式や電圧を変化させる電気式、油圧を用いた油圧式などの方法もあります。

減速歯車装置はその減速比に応じて、さまざまな歯車の組み合わせがあり、これを決定することは機械設計において重要な事項です。そこでは、必要な減速比で出力するための歯車の組み合わせはもちろん、減速歯車装置全体の中での歯車や軸の配置などについても検討する必要があります。

歯車を用いて効率よく減速するためには、複数の歯車を用いて多段式で減速するよりも、2枚の歯車を用いて一度で減速した方がよいと思われるかもしれません。しかし、2枚の歯数が極端に異なる減速は安定した減速ができないことが知られています。そのため、2枚の歯車での速度伝達比は大きくても7程度として、さらに大きな比で減速したい場合には7以下の速度伝達比で多段式にするのが一般的です。

また、多段式の場合、平歯車を横に並べていくだけでは装置が横長になり、軸の数も多く必要になります。そのため、1つの軸に歯数が異なる2枚の歯車を取り付けて、コンパクトにすることが多いです。さらに、常に同じ歯がかみ合うと、歯に何か問題があったときにそれが集中してしまうため、かみ合う歯車の歯数は「互いに違う素数の歯数が望ましい」という原則もあります。

要点BOX
- ●トルクを上げる減速歯車装置
- ●減速歯車装置の速度伝達比の計算
- ●多段式の場合の原則

減速歯車装置

図の減速歯車装置において、駆動歯車を z_1 としたとき、速度伝達比は次式で表される。このとき歯車１と歯車４の回転方向は同じになる。

$$i = \frac{z_2}{z_1} \times \frac{z_4}{z_3} = \frac{n_1}{n_2} \times \frac{n_3}{n_4}$$

数値を入れた計算例

問　歯車の歯数が z_1=20、z_2=50、z_3=25、z_4=60 のとき
歯車 1 の回転速度を 1200min^{-1} とすると、歯車 4 の回転速度は何 min^{-1} になるか。

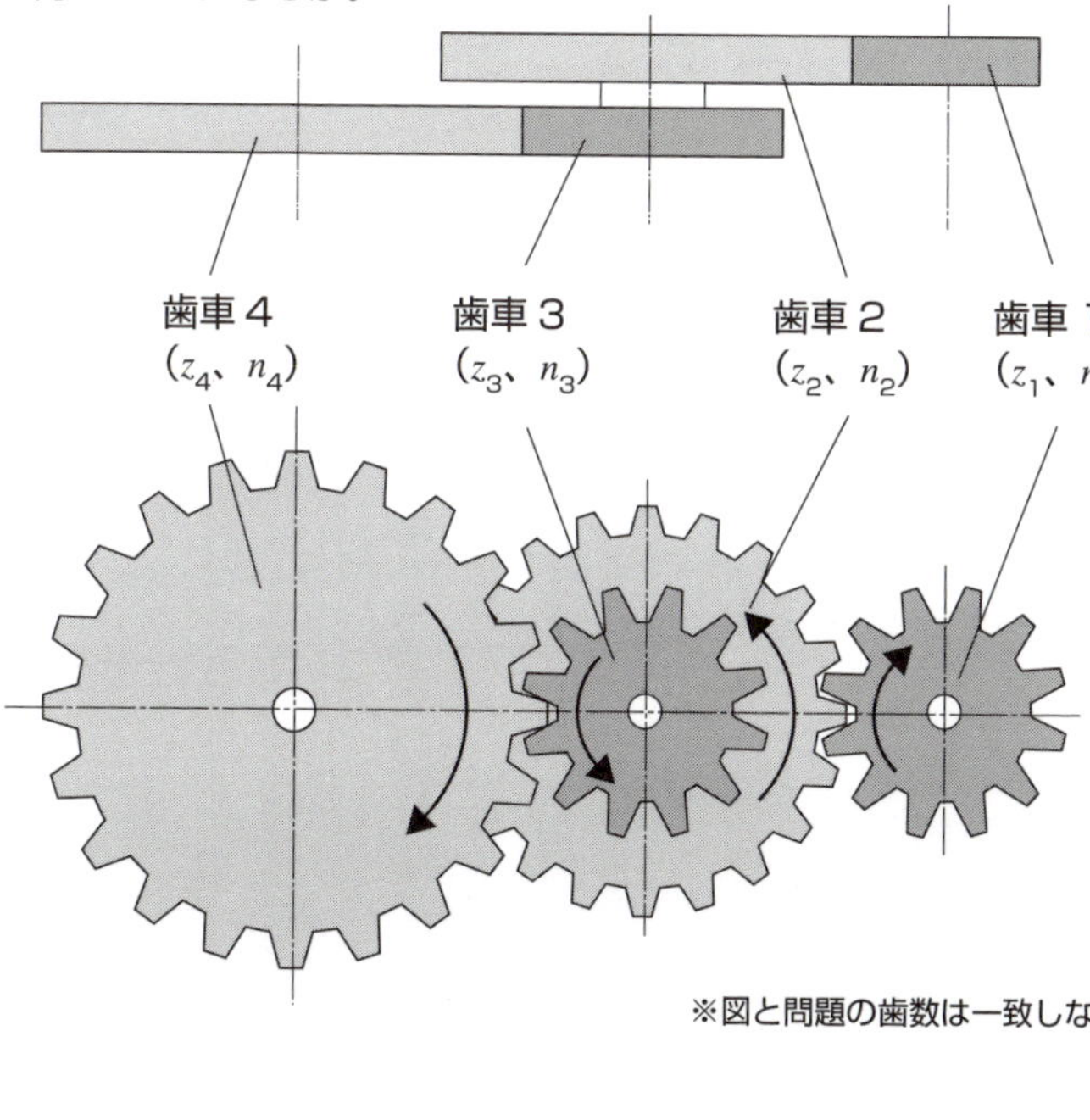

※図と問題の歯数は一致しない

答　速度伝達比　$i = \frac{z_2}{z_1} \times \frac{z_4}{z_3} = \frac{50}{20} \times \frac{60}{25} = 6$

$i = \frac{n_{\mathrm{I}}}{n_{\mathrm{II}}}$ より $n_{\mathrm{II}} = \frac{n_{\mathrm{I}}}{i} = \frac{1200}{6} = 200$〔min^{-1}〕

36 便利なギヤードモータ

決められた減速比のギヤヘッド

減速歯車装置の組み合わせを一から設計することもありますが、比較的小形のモータなどの場合、そのモータに応じた減速比を出力できるギヤヘッドがあらかじめ用意されているものもあります。ギヤヘッドは産業用モータから模型用モータまで、幅広く用いられています。

減速比は36：1というように比率で表記する場合や、1／36のように分数で表記することもありますが、いずれもモータの回転速度を36分の1にして出力することを表しています。また、減速比をギヤ比と表記することもあります。通常、モータとギヤヘッドは取り外しができるようになっており、この部分を交換することで、同じモータでもいくつかの減速比で使用することができます。

各種の模型に用いられる工作用の組立式ギヤボックスの場合、歯車の組み合わせによって、何種類かの減速比を作ることができるようになっています。工作する場合には、回転速度を重視するのかトルクを重視するのかを検討して、適切な減速比のものを組み立てて使用します。

たとえば、車輪を高速で回転させて用いたい場合には、回転速度を重視して、減速比が小さいものを選びます。一方、ものを持ち上げる部分などでトルクを重視したい場合には、減速比が大きなものを選びます。

ここで紹介するのは、株式会社タミヤの「楽しい工作シリーズ」のシングルギヤボックスです。このギヤボックスは、歯車の組み合わせによって、4種類の回転速度に対応できます。

出力の回転は1本の軸から取り出され、そのまま回転運動に用いることもできますし、図にあるようなクランクアームを取り付けることで、往復運動を作り出すことも可能です。

要点BOX
- ●モータに応じギヤヘッド用意
- ●回転速度重視かトルク重視か
- ●工作シリーズのシングルギヤボックス

タミヤのシングルギアボックス

ギヤ比	回転数	回転トルク
12.7：1	1039rpm	94gf·cm
38.2：1	345rpm	278gf·cm
114.7：1	115rpm	809gf·cm
344.2：1	38rpm	2276gf·cm

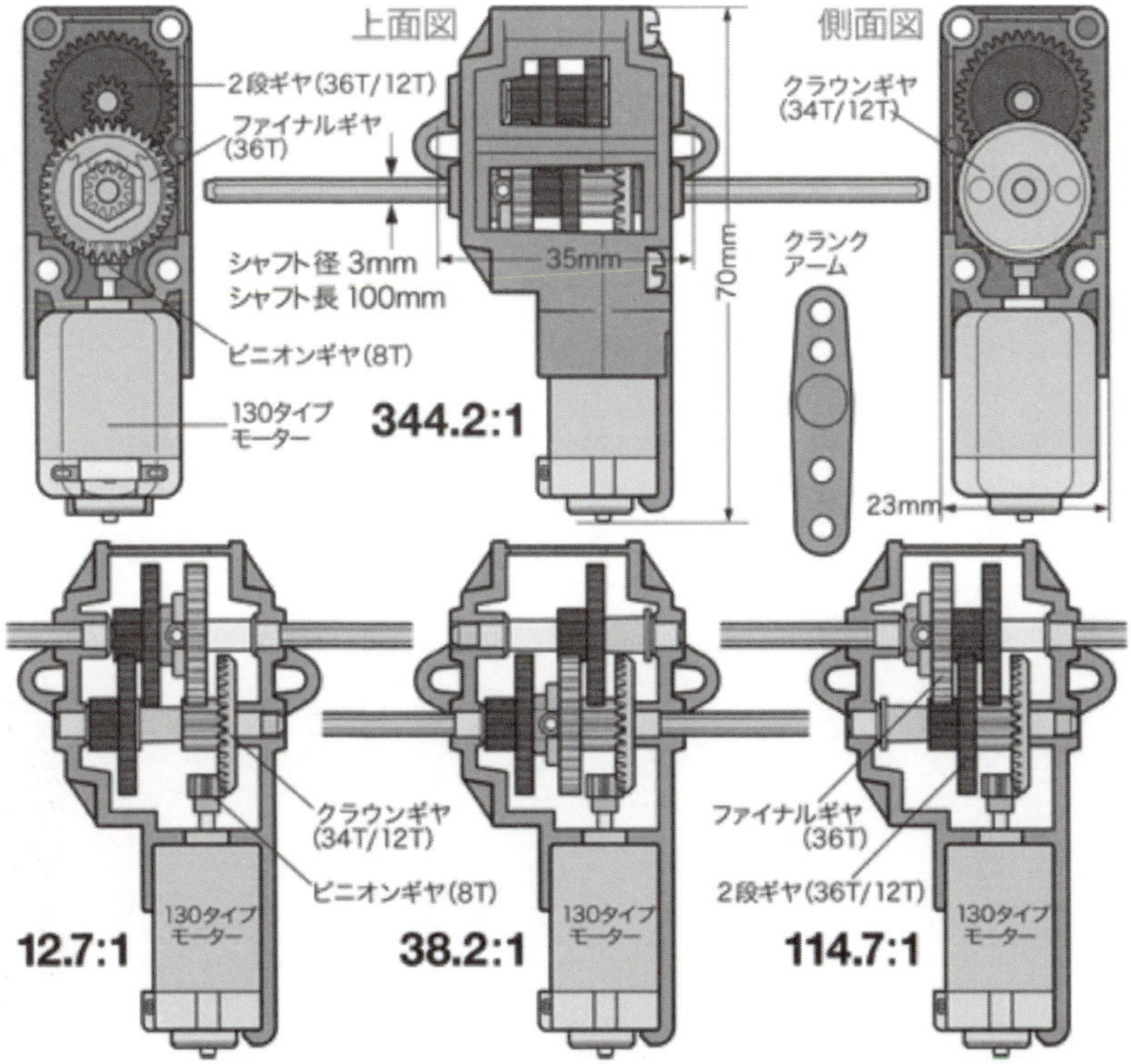

（出典:株式会社タミヤ）

回転速度のことを回転数、単位の〔min^{-1}〕を〔rpm〕と表記することもある。

37 増速歯車装置

回転速度を上げて大きな電気を得る

世の中で用いられている歯車列の使い方のうち、圧倒的に多いのが減速歯車装置です。しかし、その逆に速度をあげるためにはたらく増速歯車装置もあります。現在のところ、その用途は限られていますが、近年、注目されている風力発電にも用いられています。

風力発電のしくみは、風のエネルギーをさまざまな形状をした風力タービンで受け、ここで得られた回転力で発電機を回転させて電気エネルギーを得るというものです。すなわち、発電機の軸をたくさん回転させることで、得られる電気エネルギーも大きくなります。プロペラ形の風力タービンの回転速度は一般的に毎分数十回転ですが、発電機の方はもっとたくさん回転させたほうが電気エネルギーを得ることができます。ある風力発電機では、毎分1500回転程度回転させているそうです。そのため、風力タービンの回転を発電機に伝える前に回転速度を高めるために歯車を組合わせた増速機が利用されるのです。一般的に大形の風車には風況に応じて風力タービンの角度を変更するためのしくみが組み込まれています。

可変ピッチ機構は風力タービンの角度を変化させることにより、発電機の軸に加える回転速度を変化させようというものです。通常の使い方としては、変化する風向きに対して大きな回転速度が得られるように風力タービンの角度を変化させます。しかし、台風の接近などにより、風が強すぎて困るようなことも想定しておかなければなりません。すなわち、定格回転速度を超えたときには、風力タービンが風を逃がす角度で動くようにするのです。

増速歯車装置が組み込まれているものとして、停電時などに使用される手回し発電機があります。これも、そのはたらきは風力発電と同じく、増速機を組み込むことで発電機を高速で回転させることができ、より大きな電気エネルギーを得ることができるからです。

要点BOX

●回転速度を上げる増速歯車装置
●風力発電のしくみ
●手回し発電機も増速歯車装置の応用

増速機のはたらき

風力タービンの回転速度は発電機を回転させるためには小さいため、
歯車を組み合わせた増速機を用いて、回転速度を大きくする

▼

発電機の軸をたくさん回転させることで、
得られる電気エネルギーも大きくなる

風力発電のしくみ

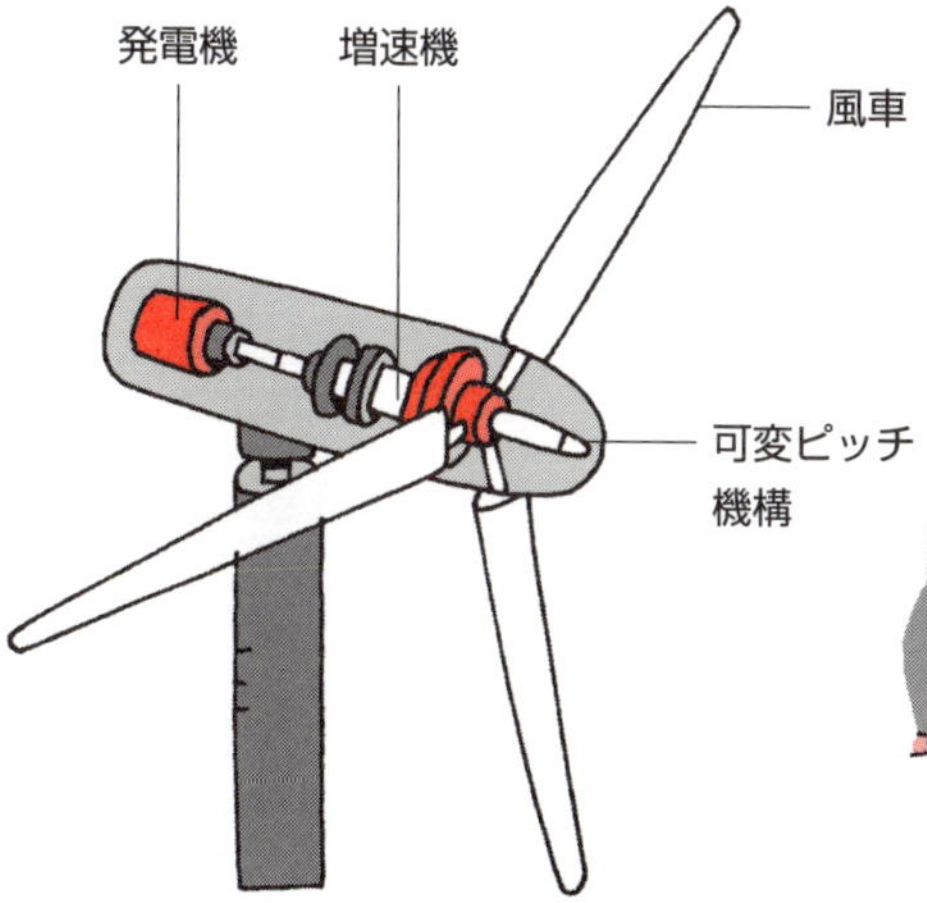

手回し発電機

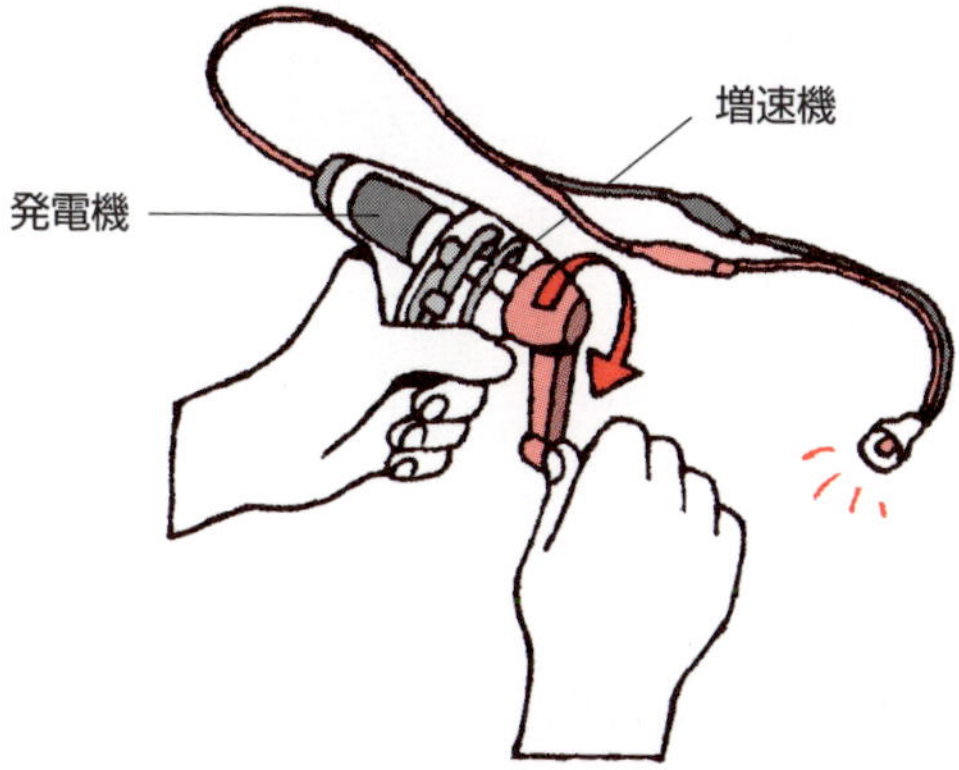

38 自転車の変速歯車装置

内装3段と外装6段が一般的

歯車を切り換えることによって、原動軸の一定な回転速度をいくつかの回転速度に変換するものを変速歯車装置といいます。

ここではまず変速機付きの自転車をとりあげます。自転車に乗っていて坂道に遭遇すると、ペダルが重くなります。このようなとき、ペダルを軽くするためにはトルクを小さくすればよいので、減速歯車を用いることになります。もちろん、トルクが小さくなった分だけ大きな回転速度が必要となるため、ペダルは数多く回転させなければなりません。また、平地を走行していてある程度の速度が出てくると、慣性力もはたらくことになるため、それほど高速でペダルをこぐ必要はなくなります。さらにスピードを増加したいときには、増速歯車を用いてトルクを大きくすることで、回転速度は増加します。

一般の自転車の場合、変速歯車装置は絶対に必要というわけではありませんが、坂道で変速して楽にペダルをこげるようにする場合などに用いられます。そして、その変速機の種類には内装3段と外装6段が多く用いられています。

内装3段の変速とは、変速歯車装置が内部に密閉されたものであり、ハンドル部にあるレバーを動かしたり、グリップを回すなどして操作します。ここで用いられている歯車装置は後述する遊星歯車装置です。

一方、外装6段の変速とは、歯車がむき出しになっている変速装置であり、6段階の変速が可能です。一般的にはグリップを回すことで変速し、1段が一番軽く、6段が一番重くなります。なお、内装3段が停止した状態で変速できるのに対して、外装6段はペダルを回しながら変速を行います。歯車が外部にあるため、チェーントラブルが起こりやすく、メインテナンスのための給油が必要ですが、多段な分だけ広い範囲の変速調整が可能であり、さまざまな地形に対応できるため、長距離の走行には適しています。

要点BOX
- ●自転車の走行速度の変換
- ●内装3段と外装6段の機構
- ●ハンドル部のレバーやグリップで変速

自転車の変速歯車装置

速度伝達を大きくすると一回転させようとする力が必要となるが、速度が大きくなる

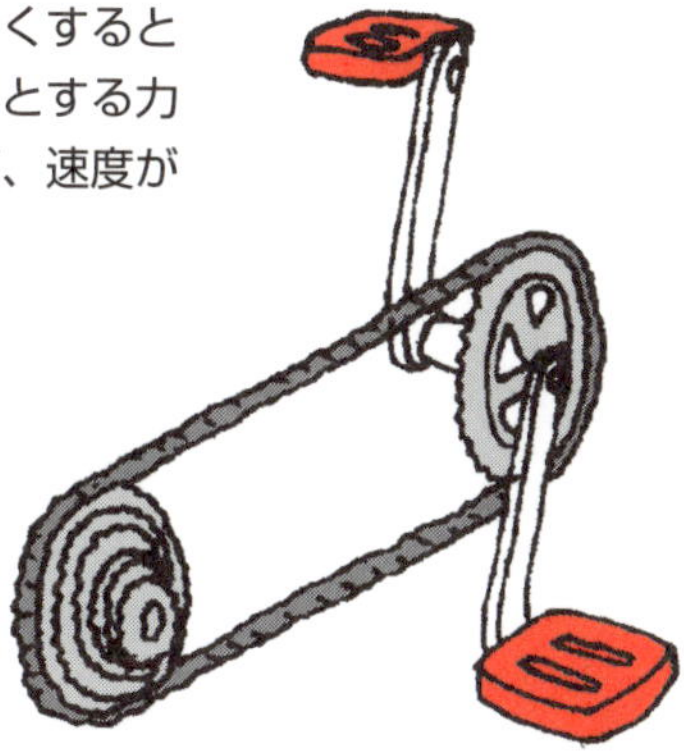

レバー式

グリップ式

内装3段変速

外装6段変速

39 自動車の変速歯車装置

マニュアルとオートマの二方式

自動車の変速の原理も基本的には自転車の変速と同じであり、始動時には回転速度よりもトルクが必要、回転速度が大きくなればトルクは小さくてもよいことになります。これが1つの歯車装置でできればよいのですが、自動車は広範囲の速度で走行するため、途中で速度比を切り換えることが必要になります。自動車の変速機は、マニュアル・トランスミッション（MT）とオートマチック・トランスミッション（AT）に大別されます。

MTは、運転者の操作によって減速比を選択するものであり、一般の乗用車には5速の5MT、高性能車には6段の6MTが用いられます。なお、歯数の異なる段に変速する場合には、走行しながら歯車を切り替えると、歯車が互いにガリガリと接触してしまうため、クラッチが組み込まれています。

ここでクラッチとは、入力軸と出力軸に接続された円板同士を接触させることで生じる摩擦力によって、動力の伝達を行うものです。また、変速を円滑に行うためには、かみ合わせようとする2つの歯車の回転速度をあらかじめ同じにして、変速を容易にするためのシンクロメッシュが各段の歯車に備えられています。

ATは、MTのクラッチ操作と変速操作から解放されるため、MTに代わり広く採用されています。主に採用されている機構の構造は、クラッチの代わりに流体継手の一種であるトルクコンバータと遊星歯車機構を組み合わせたものです。5ATは5速の前進ギヤがある自動変速機であり、遊星歯車を3組程度使って、変速比を決めるのが一般的です。

高級車には低速での加速性能と高速での良燃費を両立できる6AT以上の自動変速機が使われています。

また、金属ベルトと2組の円錐プーリを用い、プーリに巻き付ける金属ベルトの長さを可変することで無段階に変速比をつくる無段変速機（CVT）という方式もあります。

要点BOX
- ●自動車の変速機はMTとATがある
- ●クラッチの構造とはたらき
- ●オートマチック・トランスミッションのしくみ

クラッチの構造

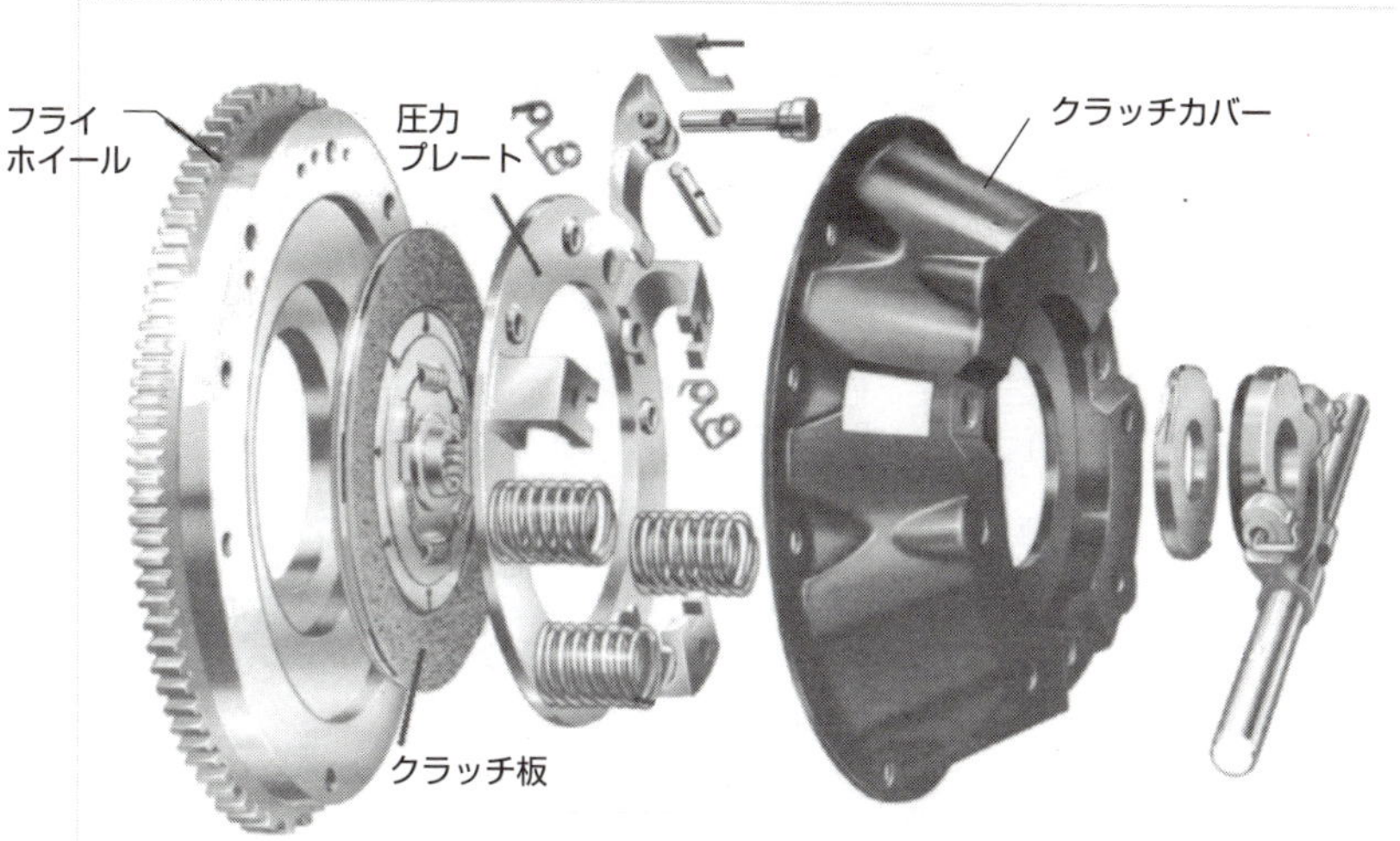

クラッチのはたらき

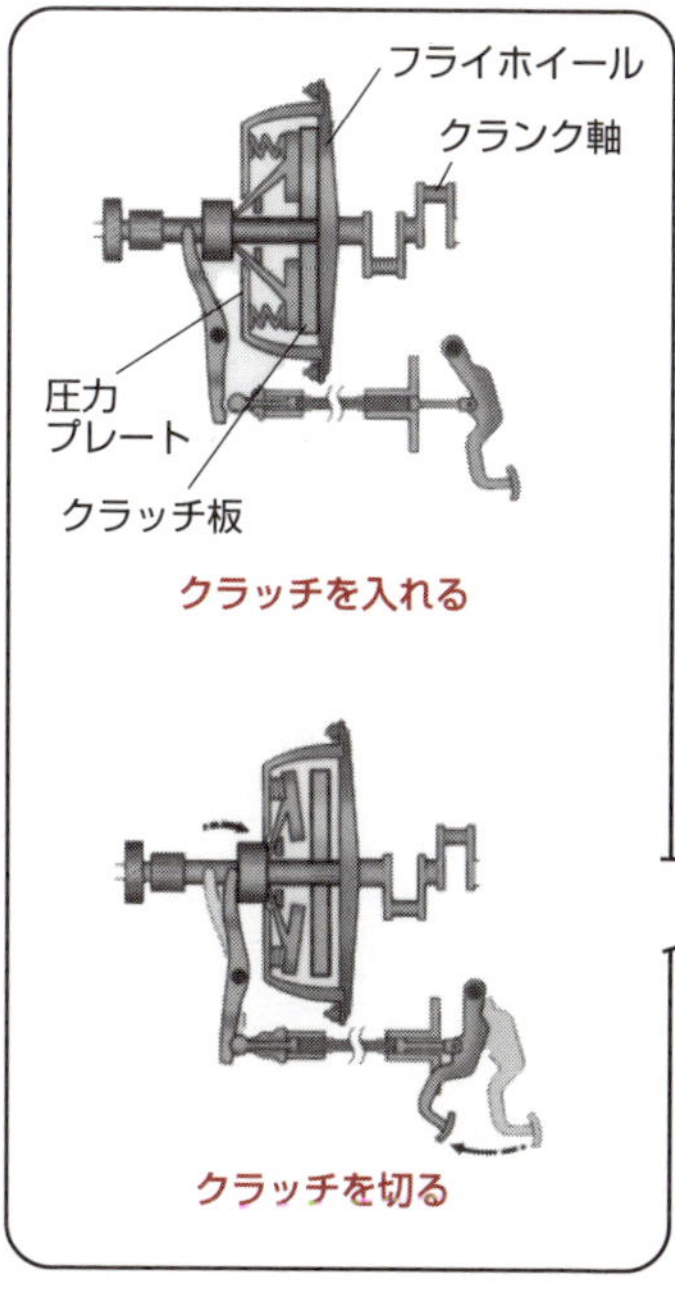

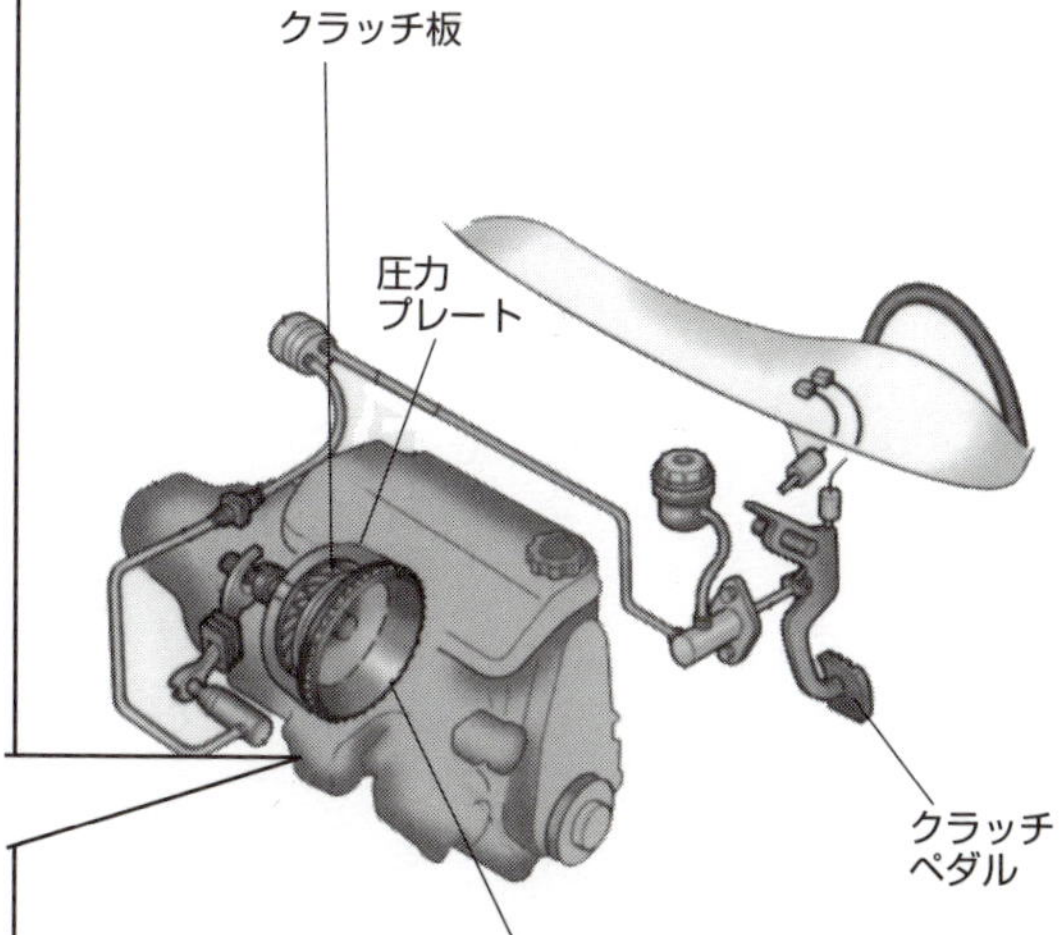

40 遊星歯車装置

太陽歯車、遊星歯車、内歯車

遊星歯車装置は、一組の互いにかみ合う歯車において、2枚の歯車がそれぞれ回転すると同時に、一方の歯車が他方の歯車の軸を中心にして公転するものです。この関係を太陽のまわりを回転する遊星にたとえて、中心にある歯車を太陽歯車（サン・ギヤ）、まわりにある複数の歯車を遊星歯車（プラネタリ・ギヤ）といいます。この2種類の歯車は内歯車（インターナル・ギヤ）の内部で回転します。これら3種類の歯車列のうち、どれか1つを固定したときに、他の2つがかみ合うことで必要な変速を行います。なお、太陽歯車と遊星歯車はキャリアと呼ばれる腕で連結されており、中心軸からの出力は、キャリアと一体化されて取り出されます。

プラネタリ形は、内歯車を固定し、太陽歯車を入力、キャリアを出力としたものです。ソーラー形は、太陽歯車を固定し、内歯車を入力、キャリアを出力としたものです。また、スター形は、キャリアを固定し、太陽歯車を入力、内歯車を出力としたものです。

遊星歯車装置は、平歯車を組み合わせた減速装置に比べて、少ない段数で大きな減速比を得ることができるためコンパクトにできること、かみあいが複数箇所になるため大きなトルクを伝達できること、入力軸と出力軸を同軸上に配置できることなどの特徴があります。

遊星歯車装置は、自動車のトルクコンバータ式のオートマチック・トランスミッション、自転車の内装型変速機、風力発電用の増速機をはじめ、遊具のコーヒーカップやプラネタリウムの投影機などに幅広く用いられています。

遊星歯車を理解するため、手元に同じ大きさの硬貨を2枚用意してください。一方を太陽歯車として固定し、もう一方を遊星歯車として、滑らないように1周させると何回転するでしょうか。正解は2回転です。

要点BOX
- ●遊星歯車装置のしくみ
- ●遊星歯車装置の種類
- ●遊星歯車装置の特徴

遊星歯車装置

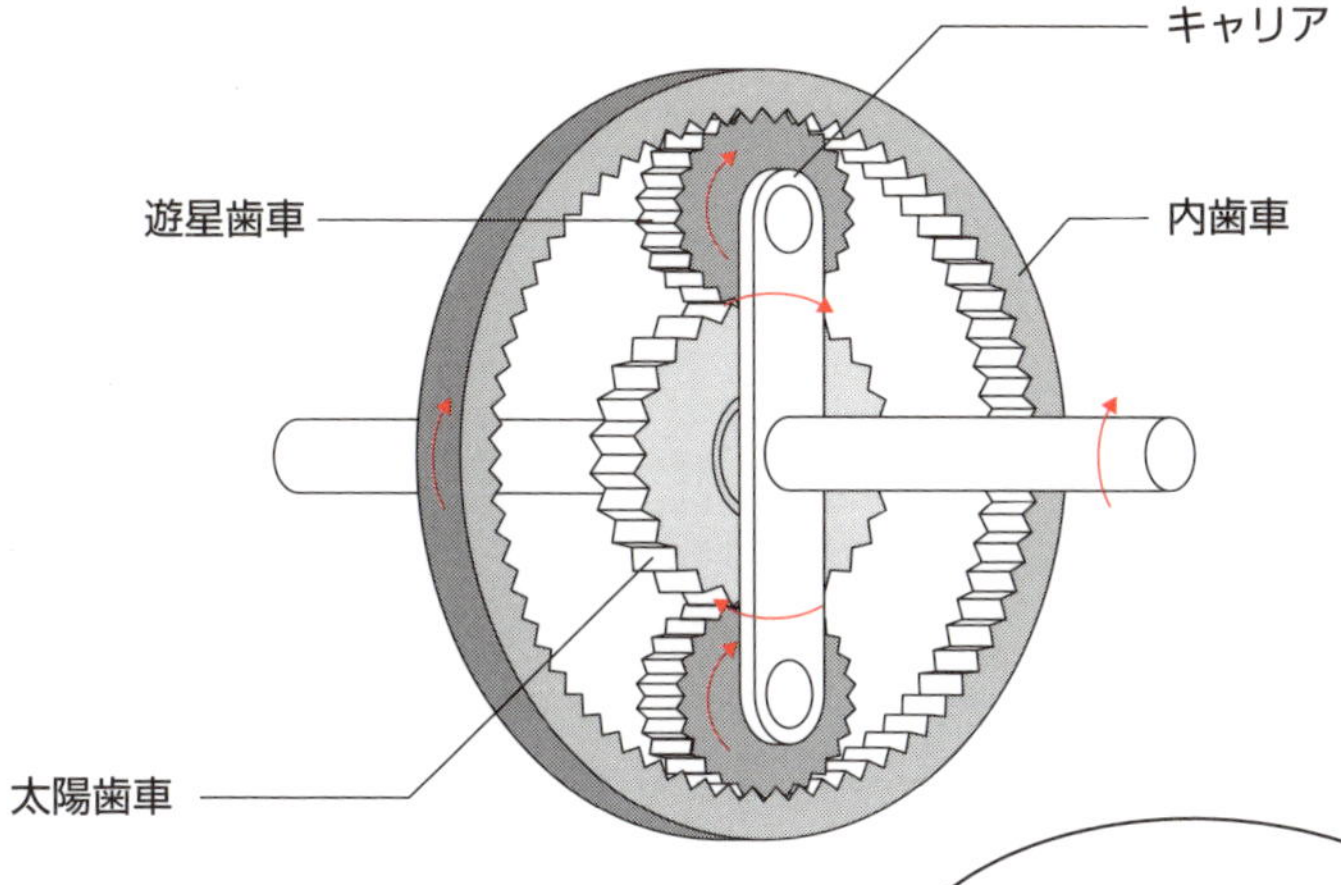

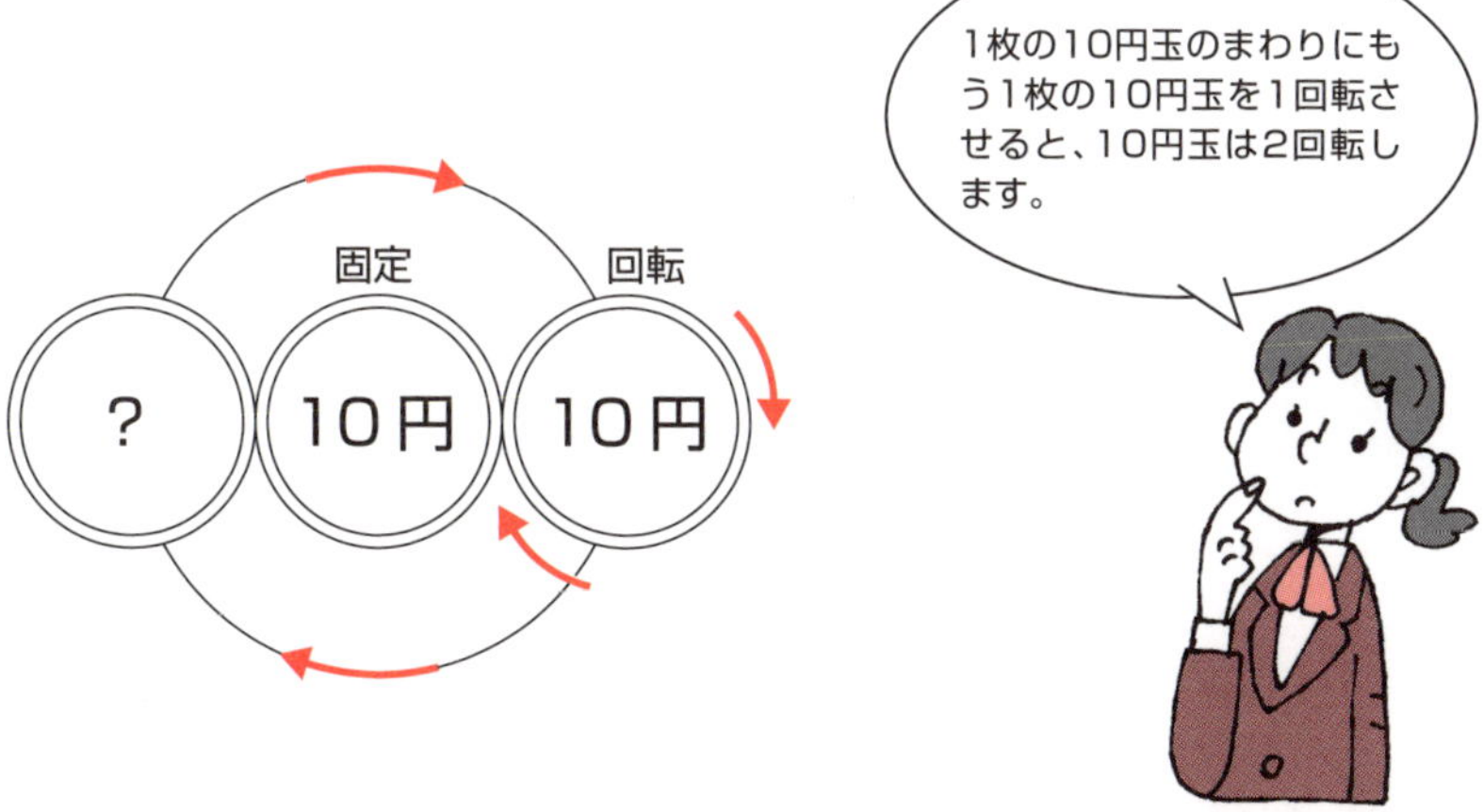

種類	固定要素	入力	出力	減速比の計算式
プラネタリ形	内歯車	太陽歯車	キャリア	$\dfrac{1}{\dfrac{z_C}{z_A}+1}$
ソーラ形	太陽歯車	内歯車	キャリア	$\dfrac{1}{\dfrac{z_A}{z_C}+1}$
スター形	キャリア（腕）	太陽歯車	内歯車	$-\dfrac{1}{\dfrac{z_C}{z_A}}$

・z は歯数を示し、添付の A，C はおのおの太陽歯車、内歯車を示す。
・負記号は、入力回転と反対の出力回転方向を示す。

41 差動歯車装置

出力を異なる2つの速度に変換

差動歯車装置は、2つ以上の運動の差や和を検出して、これを1つの運動にして出力する歯車装置であり、自動車のディファレンシャル・ギヤがその利用例の代表としてあげられます。この頭文字をとってデフ・ギヤやデフということもあります。その構造は遊星歯車と似ており、太陽歯車と遊星歯車をかさ歯車に置き換えたものと考えられます。

自動車がカーブを曲がる場合には、内側と外側の車輪の速度差である内輪差が生じるため、内側の車輪を外側の車輪よりも遅く回転する必要が生じます。

自動車に用いられる差動歯車装置では、2つの車輪が等速で回転して直進している場合、外側のリングギヤから加えられた動力が左右の車軸につながるサイドギヤとピニオンギヤに直結することで、2つの車輪は等速運動をします。一方、カーブを走行する場合には、内側の車輪よりも外側の車輪のほうが高速で回転する必要があります。たとえば、自動車が左折する場合、左車輪には右車輪よりもゆっくり回転するため、大きな負荷がかかります。そのため、左車輪の歯車も回りにくくなり、ディファレンシャルピニオン・シャフトの回転のほうが速くなるため、ここに差動が生じ、ディファレンシャルピニオン・ギヤが回転を始めます。すなわち、ディファレンシャルピニオン・ギヤは公転しながら自転することで、左車輪にはたらく負荷分の回転を右車輪がある歯車にプラスして伝えるのです。このはたらきによって、左車輪はゆっくりと、右側のタイヤは早く回転することになり、結果としてスムーズに左折を行うことができます。

このように、自動車に用いられるディファレンシャル・ギヤは1つのエンジン出力を2つの異なる回転速度に振り分けて伝えることができる優れた装置なのです。しかし、車輪の片方が溝に落ちた、あるいは氷上でスリップした無負荷状態では車輪は空転してしまうため、このような場合には別の固定装置が作動します。

要点BOX
- ●差動歯車装置のしくみ
- ●自動車が曲がるときのしくみ
- ●ディファレンシャル・ギヤのはたらき

差動歯車装置

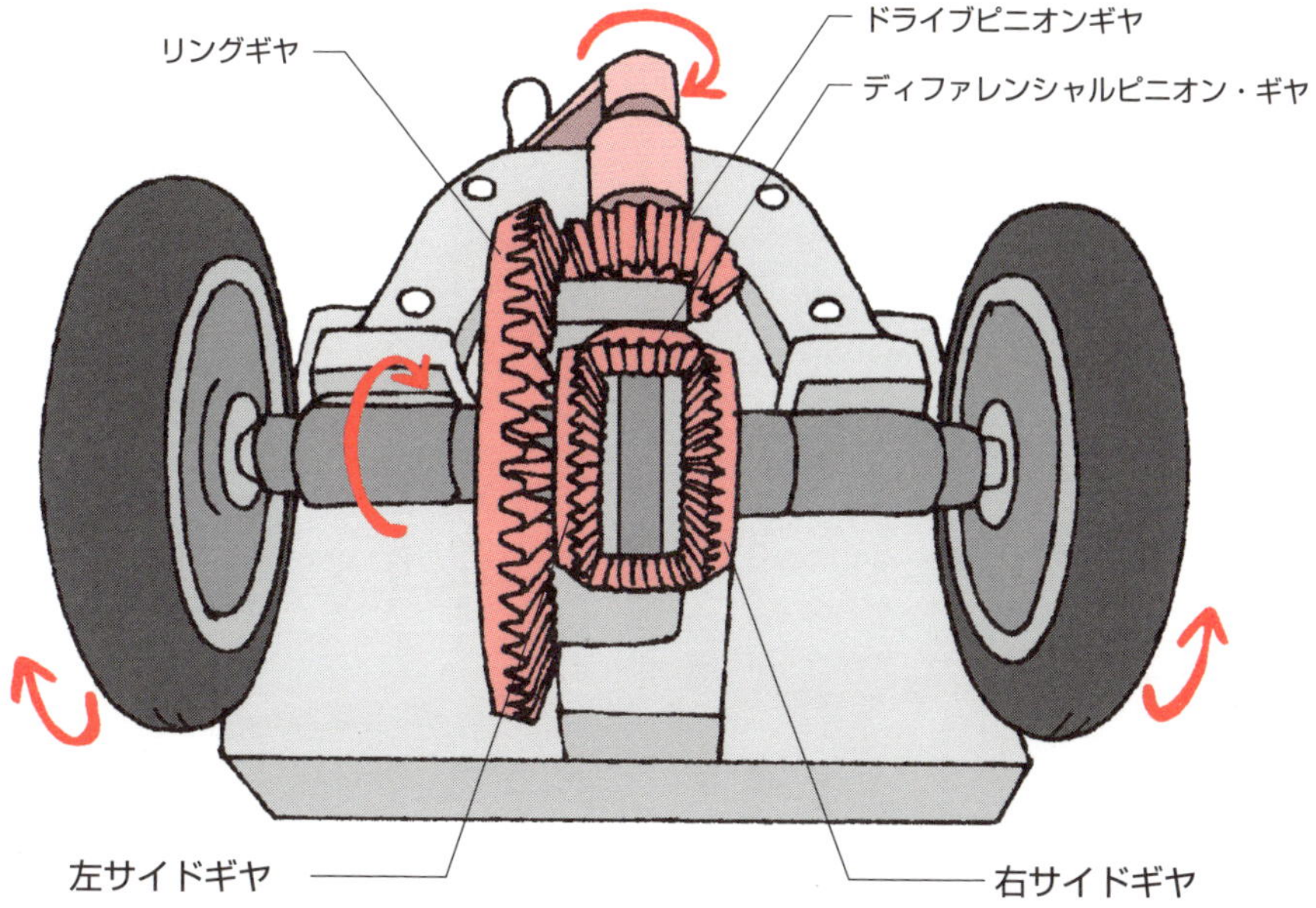

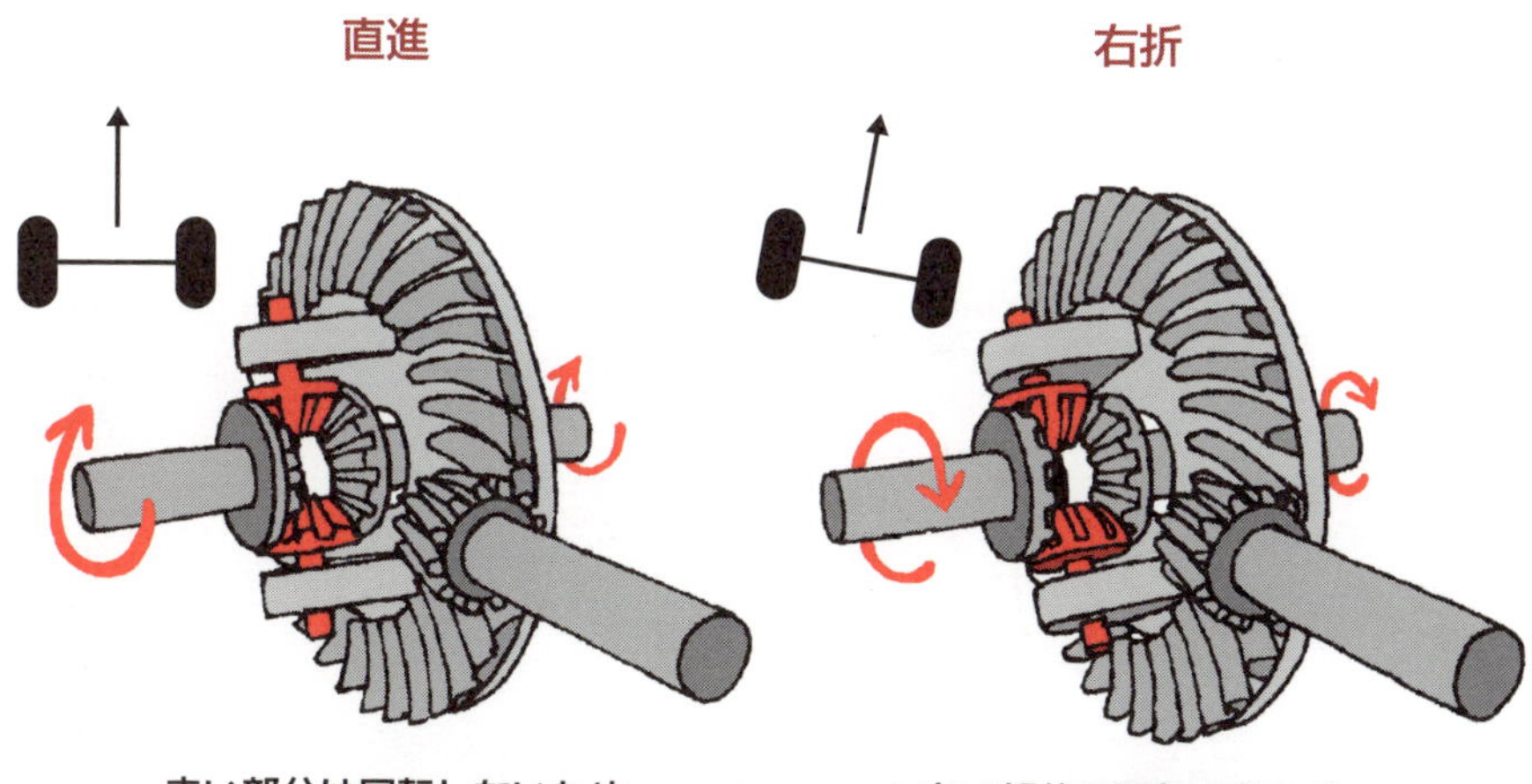

赤い部分は回転しないため、
二軸は等速で回転

赤い部分も回転するため、
二軸は不等速で回転

42 ウォームギヤ歯車装置

コンパクトで大きな減速比

ねじ状の歯筋をもつウォームと、これとかみ合うウォームホイールによって構成される歯車装置をウォームギヤ歯車装置といい、主に減速機として利用されます。一般的に、動力はウォームからウォームホイールのほうへ伝達され、コンパクトな装置で減速と同時に回転する軸を直角に配置することができます。この装置は、1段で大きな減速比が得られるため、他の歯車装置と比較してバックラッシも小さくできるなどの特長があります。

しかし、通常の歯車のような転がり接触ではなく、ねじ歯車によるすべり接触によるため、大きな動力の伝達には適しませんが、騒音や振動が非常に低いという特長があります。また、ねじの性質から、一定の条件にてウォームホイールからウォームを回転することができない状態を得ることができるセルフロック性があるため、この性質を利用してブレーキの補助的役割を果たすことができます。

ギターの弦の糸巻き装置をペグといい、その多くにウォームギヤが用いられています。このはたらきにより、ノブと呼ばれるつまみを回転させてチューニングをするときに微調整が可能となり、弦の張力も一定の大きさにすることができます。

オルゴールは、楽譜のはたらきをする突起をもつ円筒形のシリンダがコームと呼ばれる櫛歯を弾いて音を奏でます。音楽を一定速度で演奏させるためにいくつかの歯車が用いられており、特に空気抵抗を利用して最後の歯車の回転速度を調節する部分にウォームホイールからウォームを回転させる逆のはたらきをする歯車装置が用いられています。

通常の円筒ウォームギヤよりも大きな動力を伝達するために開発されたものとして、ウォームをウォームホイールの曲率に合わせた鼓《つづみ》形ウォームギヤがあります。これは接触面積が大きくなるため、エレベータなど、比較的大きな駆動に用いられています。

要点BOX
- ●ウォームギヤ歯車装置の特徴
- ●自動車ではブレーキの補助に
- ●オルゴールへの応用

ウォームギヤの構造

ウォームギヤ

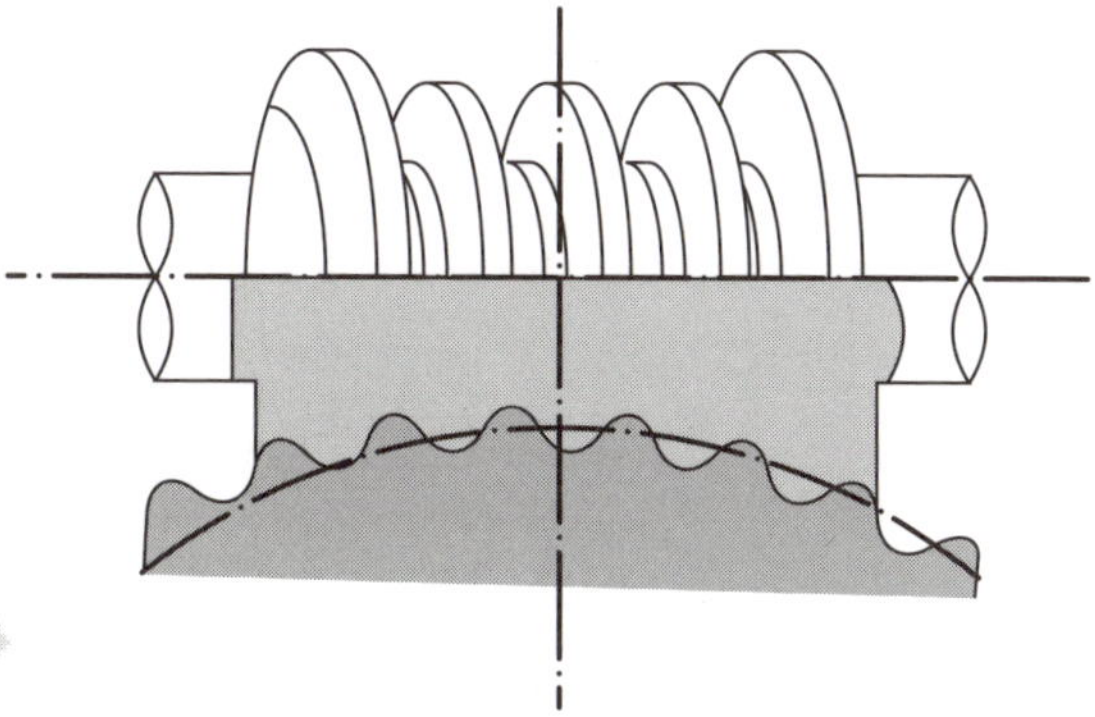

鼓形ウォームギヤ

ウォームギヤの利用

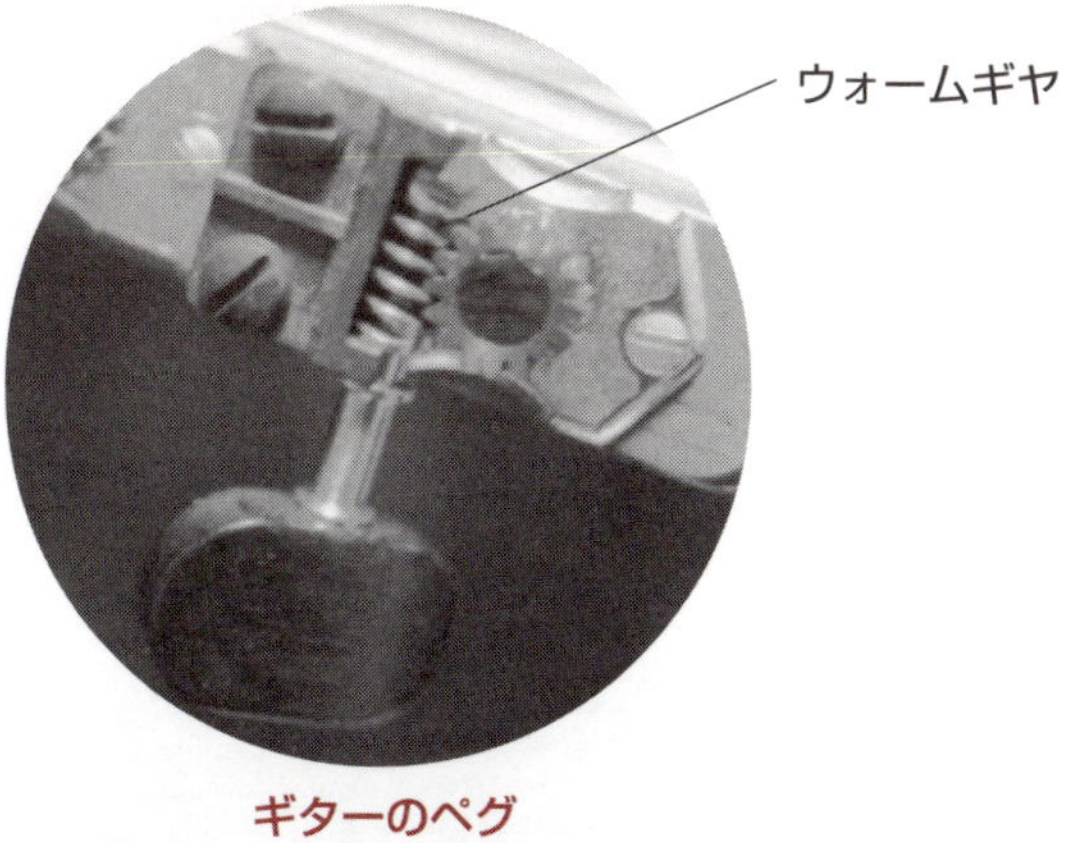

ギターのペグ

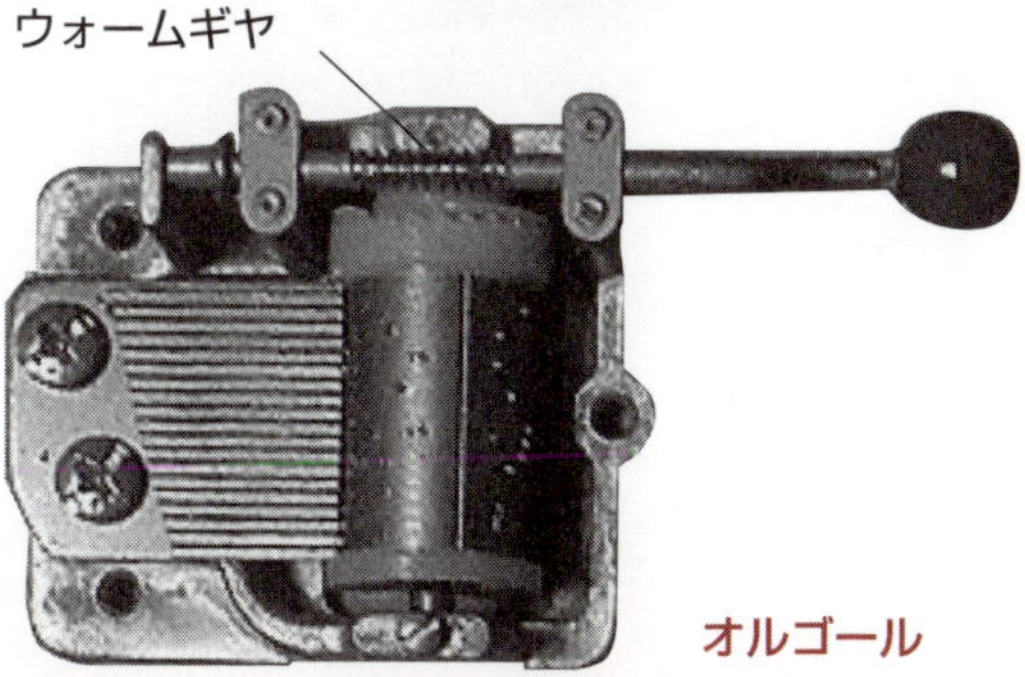

オルゴール

Column

レゴの歯車を用いた工作

プラスチック製の組み立てブロックのレゴに歯車があることをご存知でしょうか。レゴ・マインドストーム NXTには、平歯車をはじめ、傘歯車、冠歯車、ウォームギヤ、差動歯車など、さまざまな歯車が用意されています。これらを適切に組み合わせて動かすことで、歯車伝動のメカニズムを学ぶことができます。また、これをモータで動かすことにより、実際に何らかの作業をする機械やロボットなどを作ることもできます。

写真のように複数の歯車をかみ合わせて、駆動歯車を回転させると、従動歯車の回転を観察できます。このとき、歯車だけでなく、軸の選定や中心距離の決定など、総合的な設計力が身につきます。

第5章

歯車を動かすための設計法

43 歯の曲げ強さ

歯車の強度設計(1)

18世紀の産業革命の時期に歯車が非常に重要な役割を果たすようになると、歯車の強度設計も必要になります。歯車装置がより高速で回転し、大きな動力を伝動すると、歯車が途中で変形したり、割れるような事故も発生するようになったためです。

どんな材料でも、そこに力が加わった場合、絶対に変形しないものや破断しないものはありません。そのため、歯車の各部分にどのくらいの大きさの力がどちらの向きからはたらくのかをきちんと理解しておき、それらが想定内の範囲ではたらく場合には、変形や破断をしないようにすることが強度設計の基本的な考え方です。それでは円板に多数の歯をもつ歯車の強度設計をどのように考えていけばよいのでしょうか。

蒸気機関の実用化に貢献したワットはすでにかみ合う歯を片持ちばりとして考えた強度計算を行っていたようです。その後、19世紀にかけてさまざまな技術者たちが歯車の強度設計について計算式を提案することになります。その中でも1892年、ウィルフレッド・ルイスによって提案された歯の曲げ強さに関係する式は、ルイスの式として現在でも歯車強度設計に用いられています。

歯の曲げ強さは、歯先に集中荷重を受ける片持ちばりとみなして計算を行うものです。理論式の誘導は複雑なため省略しますが、歯の断面に生じる最大曲げ応力 σ_{Flim} は関係式①で表されます。

この式において、F は回転力としてはたらく円周力、b は歯幅、m はモジュール、Y は歯の形状と曲げ強さの関連を示す歯形係数など、外力や形状から導かれる係数です。

また、実際の機械で使用される歯車の状況は使用条件にもよるため、原動機側や従動機側からの衝撃を考慮した使用係数 K_A、歯形誤差や周速度による動的な力を考慮した動荷重係数 K_V、そして安全率 S_F なども用いて計算をします。

要点BOX

- ●歯車の強度設計の考え方
- ●ルイスの式
- ●歯の曲げ強さは片持ちばりとみなして計算

歯の曲げ強さの計算

関係式①　歯の断面に生じる最大曲げ応力

$$\sigma_{F\lim} \geqq \frac{F}{bm} \cdot YK_A K_V S_F$$

関係式①を F について解くことで、関係式②が得られ、歯車に加えることができる最大の円周力 F を導くことができる。

関係式②　歯車に加えることができる最大の円周力

$$F = \frac{\sigma_{F\lim} bm}{YK_A K_V S_F}$$

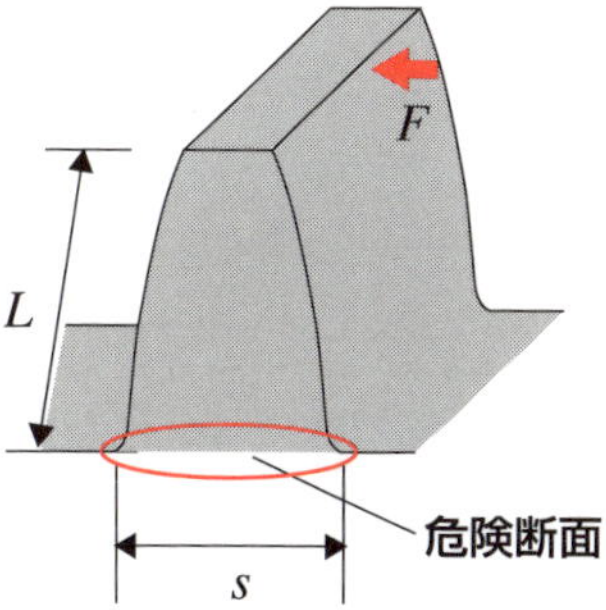
F
L
s
危険断面

円周力によって生じる曲げモーメント M は、

$M=FL$

で表される。

歯形係数は、

$$Y = \frac{6\ (L/m)}{(s/m)^2} \cdot \frac{\cos\beta}{\cos\alpha}$$

で表される。

ここで、α は圧力角、β は $\alpha+\phi$、ϕ は $\dfrac{360^\circ}{2z}$

m はモジュール

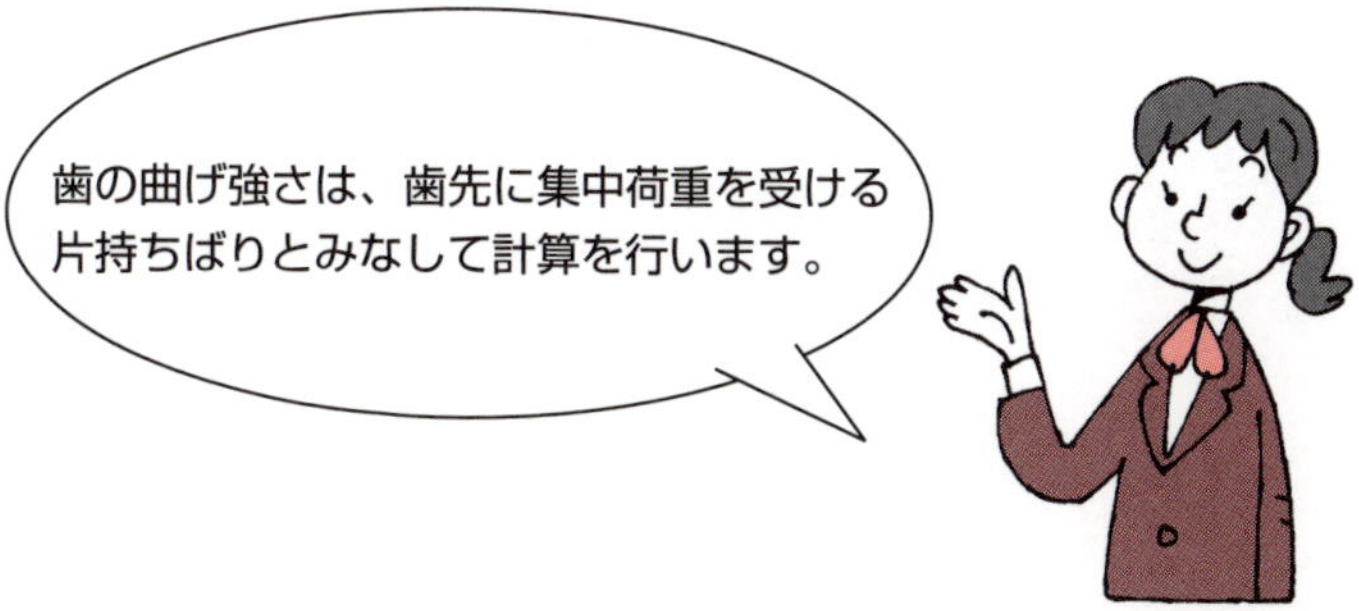
歯の曲げ強さは、歯先に集中荷重を受ける片持ちばりとみなして計算を行います。

各係数などの詳細については、日本歯車工業会（JGMA）や日本機械学会（JSME）などで規定されている。
これらを読み取ることで、歯車の曲げ強さを求めることができるので、詳細はそれらを参照するとよい

44 歯の歯面強さ

歯車の強度設計(2)

歯車の強度設計には歯の曲げ強さだけでなく、歯の歯面強さという視点から導かれた関係式があります。この関係式の基礎となったのは、ハインリヒ・ヘルツが19世紀の終わりにヘルツの接触応力として、球面と球面、円柱面と円柱面、任意の曲面と曲面などの弾性接触部分にはたらく応力を導いたことです。この関係式のうち円柱面と円柱面の接触応力の理論を歯車の接触応力にもあてはめて考えたのはヴィデキーです。1908年に歯面応力の研究を発表し、歯車の効率と寿命は歯面に沿ってかみ合い中に生じる摩擦仕事に関係し、これには力と滑り、摩擦係数などがあるとして、歯面に加わる力とそれによって生じる接触応力を求めました。

なお、ここで紹介したヘルツは接触応力の研究だけでなく、電磁気学の分野でも光の電磁波説を実証するなど顕著な成果をあげた人物です。周波数の単位であるヘルツ〔Hz〕は彼の名前にちなんでいます。

歯の歯面強さに関係する式は、ヘルツの式として現在でも歯車強度設計に用いられています。歯車の接触点における面圧に注目して歯面が摩耗したり、剥離するピッチングと呼ばれる損傷が生じないような許容接触応力σ_Hは関係式③で表されます。

この式で、Fは回転力としてはたらく円周力、d_1は小歯車のピッチ円直径、bは歯幅、uは歯数比(z_2/z_1)、Z_Hは領域係数(圧力角α=20度のとき、Z_H=2・49)、Z_Eは材料の縦弾性係数による定数係数、K_Aは使用係数、K_Vは動荷重係数、S_Hは歯面強さに対する安全率です。

曲げ強さと歯面強さのどちらの計算を採用するかについては、硬さが大きく、ピッチングによる損傷が生じにくい場面では曲げ強さから求め、硬さが小さく、長時間運転する機械の歯車で摩耗やピッチングによる損傷が生じやすい場面では歯面強さから求めるのが一般的です。

要点BOX

- ●歯の歯面強さからの歯車の強度設計
- ●ヘルツの式
- ●曲げ強さ、歯面強さ　どちらで計算

歯の歯面強度の計算

関係式③　許容接触応力

$$\sigma_{H\lim} \geqq \sqrt{\frac{F}{d_1 b} \cdot \frac{u+1}{d_1 b}}\ Z_H Z_E \sqrt{K_A}\sqrt{K_V}\sqrt{S_H}$$

関係式③を F について解くことで関係式④が得られ、歯車に加えることができる最大の円周力 F を導くことができます。

関係式④　歯車に加えることができる最大の円周力

$$F=\left(\frac{\sigma_{H\lim}}{Z_H Z_E}\right)^2 \frac{u}{u+1} \cdot \frac{d_1 b}{K_A K_V S_H{}^2}$$

歯車選定の流れ

1. 駆動軸と被動軸の直径を求める
2. モジュールと歯数を仮定する
3. 歯車の曲げ強さや歯面強さの計算を行う
4. メーカーのカタログから適切な市販品の歯車を決定する

歯車の形状は歯先円やピッチ円などだけでなく、外面の円環であるリム、軽量化のためにくぼみをもたせているウェブ、キーなどに結合するためのボスなどもあり、こちらについても用途に応じて選定する必要があります。
材料が硬いときには　曲げ強さで計算する
材料がそれほど硬くないときには　歯面強さで計算する

45 歯車各部の設計

強度設計の後で決める事項

歯の曲げ強さと歯面強さに基づいて強度設計を行ったら、次に各部の寸法を決めていくことになります。

比較的小形の歯車の場合は、モジュールや歯数、軸の穴径、ピッチ円直径、歯先円直径などを中心として、各部の寸法が規定されている標準品を購入するという方法もあります。ただし、ねじや転がり軸受などに比べて歯車の場合は標準品が用意されていることは少なく、必要なものを注文するという形が多くなります。また、特に大形の歯車については、必要に応じて必要な個数だけ注文するため、歯車各部の寸法や材質などをすべて設計する必要があります。

もっともシンプルな形状の平歯車においても、大型になるほど重くなるため、内側を薄くする工夫などが見られます。また、歯車は切削加工だけでなく鋳造や溶接で作られるものもあるため、それぞれの製造工程に応じて、各部の寸法をすべて決定するためには、さまざまなことを検討する必要があるのです。

ここではまずこれまでに紹介していない各部分の名称を紹介します。

リムは縁という意味のとおり、歯車の外縁部にある円環の部分であり、その厚さはモジュールの2・5～3・15倍と規定されています。ハブは歯車の中央部にあり、軸を通す穴のある部分であり、ハブの穴径や長さが規定されています。なお、自転車の車輪を支える放射線状のスポークの中心には穴のあいたハブがあります。ネットワークの用語でも登場するハブには、本来は車輪の中心という意味があります。

ウェブはリムとハブの間にある補強部材であり、その厚さはモジュールの2・4～3倍と規定されています。抜き穴は軽量化のためにあける穴であり、リムやハブの寸法に応じて大きさが決められます。なお、穴の個数は歯車の回転のバランスを保つため、4～6個が規定されています。

要点BOX

- ●歯車は注文に応じて強度設計する
- ●歯車の各部分の寸法を決める
- ●歯車の各部分の名称と規定

歯車の導入

平歯車をはじめとする代表的な形状の歯車は、
規格どおりに製作された標準品を購入できる

▼

ただし、大形の歯車など、多くの場合は用途に応じて、
各部分の形状までを設計する必要がある

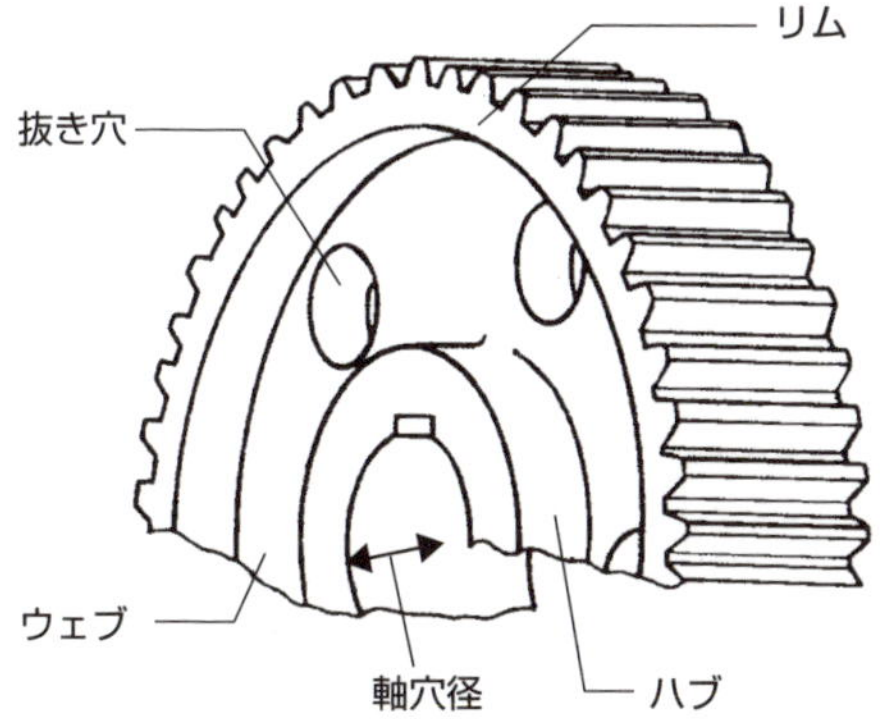

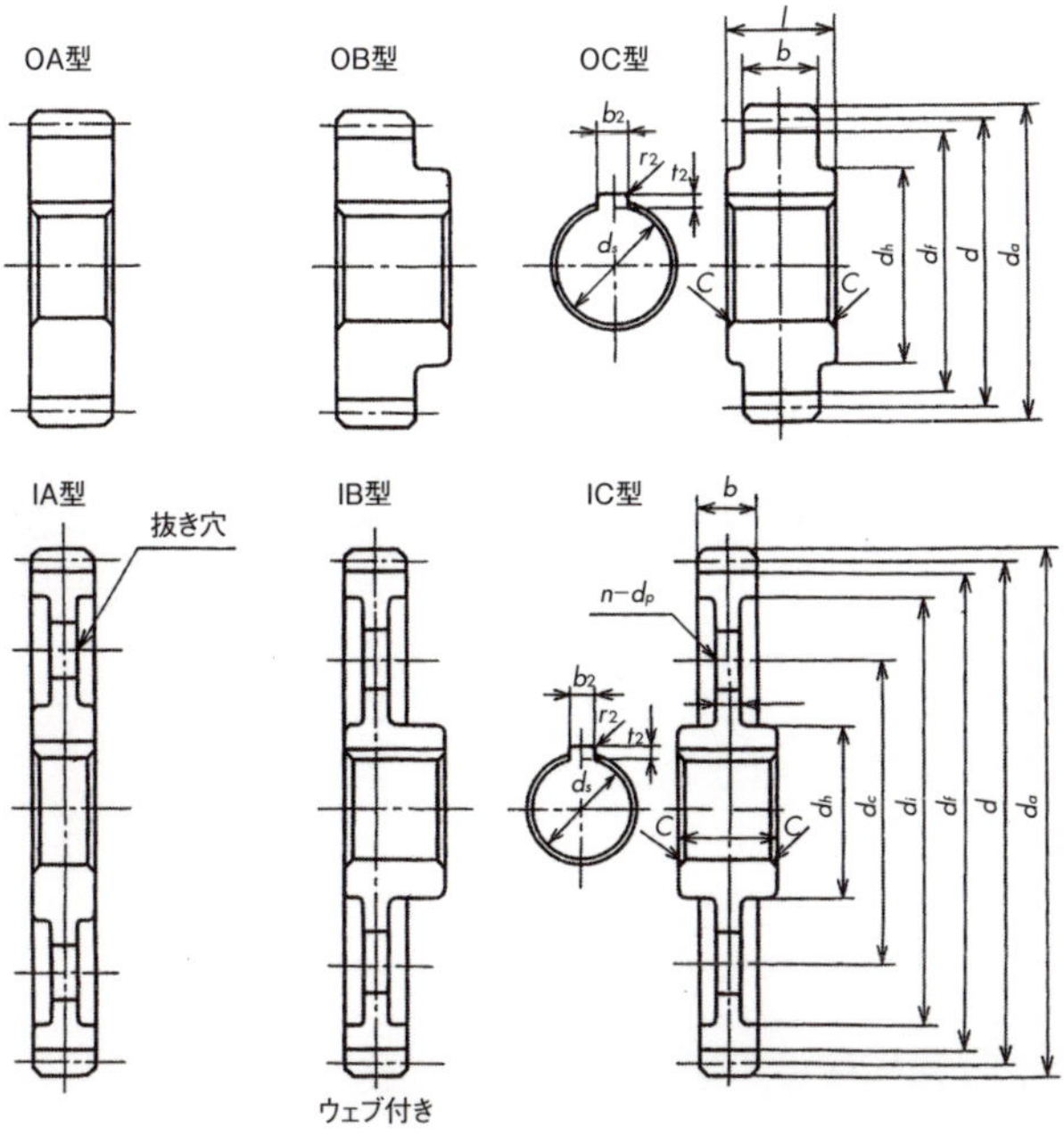

d ピッチ円直径
d_a 歯先円直径
d_f 歯底円直径
b 歯幅
d_s 穴径

C 面取り
d_h ボス外径
l ボス長さ
b_2 キー溝
t_2 キー溝

r_2 キー溝
d_i リム内径
b_w ウェブ厚さ
d_p 抜き穴直径
d_c 抜き穴中心径

46 減速歯車装置の設計（その1）

減速比に対応した歯車の組み合わせ

減速歯車装置の設計を具体的に紹介すると、たとえば次のような課題になります。「定格出力2・2kW、回転速度を2860min^{-1}の誘導電動機に減速歯車装置を取り付けて、回転速度を約12分の1に減速したい。このとき必要となる減速歯車装置を設計しなさい。ただし、平歯車を用いることにする」。

歯車の設計には機械設計の総合的な知識が必要とされるため、歯車の知識だけでは対応できません。ここでは詳細な計算は省略して、その設計の考え方について述べることとします。

まずはじめに、約1／12の減速を1段変速で行うことは歯数の比が大きくなりすぎて難しくなるため、2段変速で行うことにします。2段変速の基本形として、入力軸、出力軸の間に中間軸を配置する方法があるので、これを採用します。次に歯車の材料には代表的な硬鋼である機械構造用炭素鋼（S45C）を選定します。

機械設計は数学を用いますが、究極の1つの答えを探す作業ではありません。この課題の場合には誘導電動機が適切な減速を行えればよいため、歯車のモジュールや歯数は設計者がある程度の値を仮定して、それが適切かどうかを検討していく作業を行います。

多段式の減速機では入力側から出力側に回転が伝達されるにつれて、回転速度が小さくなり、トルクが大きくなります。そのため、入力側のモジュールよりも出力側のモジュールをやや大きくするのが一般的です。たとえば、入力歯車のモジュールを3、出力歯車のモジュールを4とします。各歯車の歯数に関しては、中心距離が等しいことや速度伝達比などに基づいた関係式を立てて、歯数を決定します。このとき、歯数は1つには決まりませんが、同じ歯がかみ合うことがないように、互いに素になるように歯数を決定します。

要点BOX

- ●歯車設計の考え方
- ●設計の手順
- ●歯数は互いに素になるように

減速歯車装置の設計

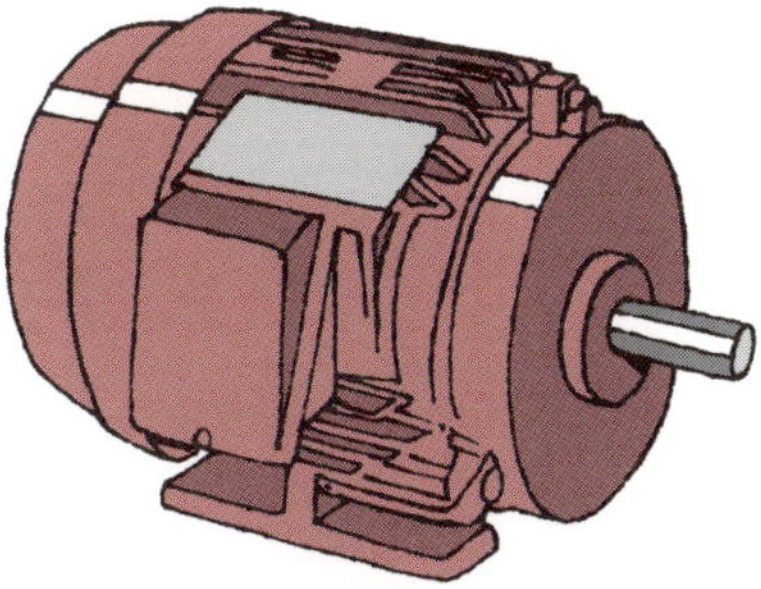

誘導電動機

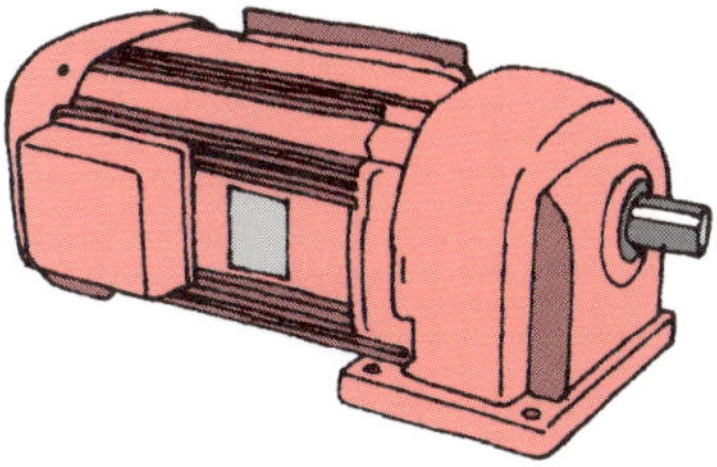

ギヤードモータ

減速歯車装置が取り付けられたものをギヤードモータという

出力〔kW〕	電圧〔V〕	周波数〔Hz〕	回転速度〔min^{-1}〕	電流〔A〕
0.75	200	50	2880	3.2
	200	60	3460	3.0
	220	60	3480	2.8
1.5	200	50	2880	6.0
	200	60	3460	5.8
	220	60	3490	5.4
2.2	200	50	2860	8.6
	200	60	3430	8.4
	220	60	3470	7.6
3.7	200	50	2890	13.4
	200	60	3470	13.2
	220	60	3490	12.0
5.5	200	50	2900	20.2
	200	60	3480	20.0
	220	60	3510	18.0

負荷特性表の例

定格出力　2.2kW、
回転速度 2,860min^{-1} を選定

▼

減速歯車装置を取り付けて、回転速度を
約 12 分の 1 に減速したい

▼

1 段変速か、2 段変速かなどを検討

▼ ▼

誘導電動機 / 減速歯車装置

歯数が決定したら、回転軸の軸径を決めます。入力軸の軸径は使用する電動機によって決まり、出力軸と中間軸は軸の関係式を用いて導きます。

47 減速歯車装置の設計（その2）

強度設計の後、歯車の材料を選定

減速歯車の歯数が決まったら、はじめに仮定した歯車のモジュールが強度の面から妥当かどうかを検討します。すなわち、歯の曲げ強さと歯面強さの両方から計算して、適切なものを採用します。たとえば、長時間の運転を必要とせず、手回し程度の低速でかみ合う歯車の場合、曲げ強さから歯車を選定します。また、長時間の運転が必要となる場合は曲げ強さよりも歯面が摩耗に耐える必要があるため、歯面強さから歯車を選定します。

また、強度設計の結果より、歯車の材料を具体的に決めることになります。鉄鋼材料には機械構造用炭素鋼（S43C、S45Cなど）や機械構造用合金鋼（SCM415、SCM435など）などの種類があります。この他、材料の特性をいかして、非鉄金属材料であるアルミニウム合金や銅合金などを選定することもあります。なお、金属材料を融点以下の適当な温度に加熱し、冷却速度を加減して所要の組織・性質を与える操作である熱処理を行うことで歯車の歯面強さを向上させることができます。この他、MCナイロンやポリカーボネート（PC）など機械的性質に優れたエンジアリングプラスチックと呼ばれる樹脂製の歯車なども多く用いられています。

使用する歯車が決まったら、最後にこれらを収納する箱であるギヤボックスを設計します。いくら適切な歯車を選定できたとしても、軸の取り付け位置や潤滑方法などが適切でない場合には、減速歯車装置を有効に動かすことができません。

歯車のピッチ円直径が500ミリ以上のギヤボックスは、鋳造や溶接で作られます。そして、歯車の中心軸を支える軸受の中心で上部と下部に分割できるようにして、歯車の取り付けや交換を容易に行うことができる構造とします。また、金属製の歯車には潤滑が必要となるため、ギヤボックスの下部に油ためを取り付け、給油口や排油口なども取り付けます。

要点BOX
●歯の曲げ強さ、歯面の強さの両面から計算
●強度設計から材料を決める
●最後にギヤボックスを設計

歯車の強度設計

歯車の種類（平歯車、かさ歯車など）
歯の曲げ強さ、歯の歯面強さ

▼

歯車の材料の決定
- 鉄鋼材料
  - 機械構造用炭素鋼
  - 機械構造用合金鋼
- アルミニウム合金
- 銅合金
- エンジアリングプラスチック

▼

ギヤボックスの構造を決定
一体構造か、分割できるような構造か
大形のものは鋳造や溶接など
（このとき加工法についても検討しておく）

最終的にはここまでに導いた歯車の諸元をすべて一覧としてまとめることで、減速歯車装置の設計が完了します。

ギヤと軸を部組後に歯車箱に収める

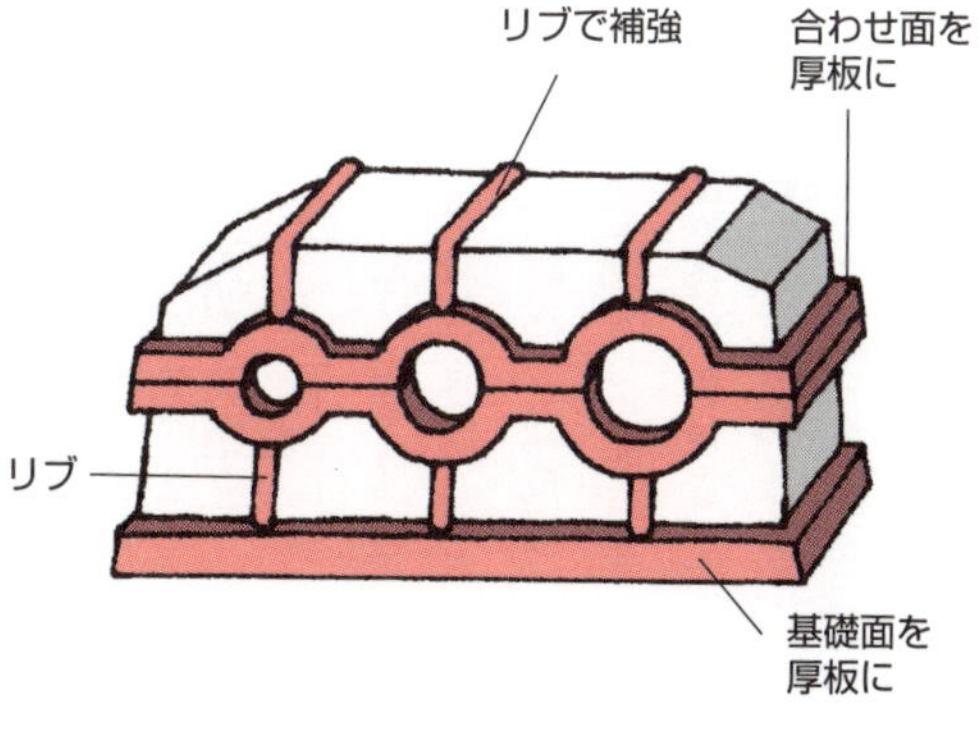
リブで補強
合わせ面を厚板に
リブ
基礎面を厚板に

48 歯車の製図

ＪＩＳにある歯車製図の簡略図

機械設計によって各部分の寸法が確定した歯車の形状や寸法は、その次の機械加工でも必要となるため、図面に表す必要があります。歯車の図面において、すべての歯形を書くのは手間がかかるため、ＪＩＳ Ｂ ０００３では、平歯車、はすば歯車、やまば歯車、ねじ歯車、すぐばかさ歯車、まがりばかさ歯車、ハイポイドギヤ、ウォームおよびウォームホイールの８種類の歯車に関しては簡略図が規定されています。また、実際には歯車歯はかみ合う一対として表すことも多いため、かみ合う平歯車とかさ歯車の簡略図も規定されています。

歯車の図示方法については、歯先円は太い実践で表すこと、ピッチ円は細い一点鎖線で表すこと、歯底円は細い実線で表すこと、はすば歯車などで歯すじ方向は通常3本の細い実線で表すこと、主投影面が断面表示されているときの歯すじ方向は外はすば歯車では紙面より手前の歯の歯すじ方向を3本の細い二点鎖線で示し、内歯車では3本の細い実線で表すことなどが規定されています。また、かみ合う一対の歯車ではかみ合い部の歯先円を太い実線で表し、主投影図を断面で図示するときには、かみ合い部の一方の歯先円を示す線を細い破線または太い破線で表すことが規定されています。

部品図の要目表には、原則として歯切り、組立て、検査などに必要な事項を記入します。具体的には、歯車歯形として標準か転位かなどを記入します。基準ラックには、歯形、モジュール、圧力角などを記入します。また、歯数、基準ピッチ円直径、転位量、全歯たけ、歯厚なども必要に応じて記入します。さらに、仕上方法には歯車の工作法や使用機械など、ＪＩＳでは13等級に分けて規定されている精度などを記入します。

設計者は加工者にわかりやすく理解してもらえる図面を作成することを心がける必要があります。

要点BOX
- ●JIS B 0003により図面に表す
- ●歯車の図示方法
- ●設計者は加工者が理解しやすい図面を画く

歯車の製図

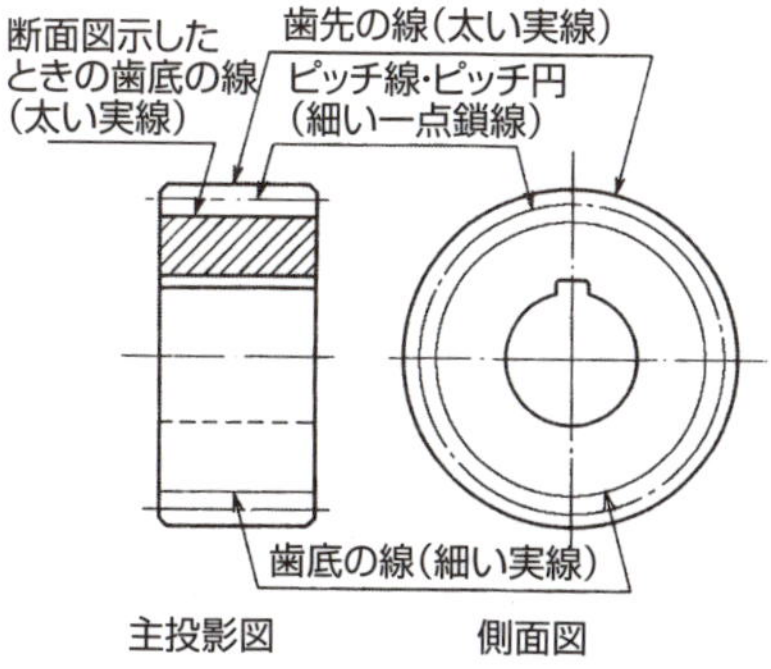

平歯車の簡略図

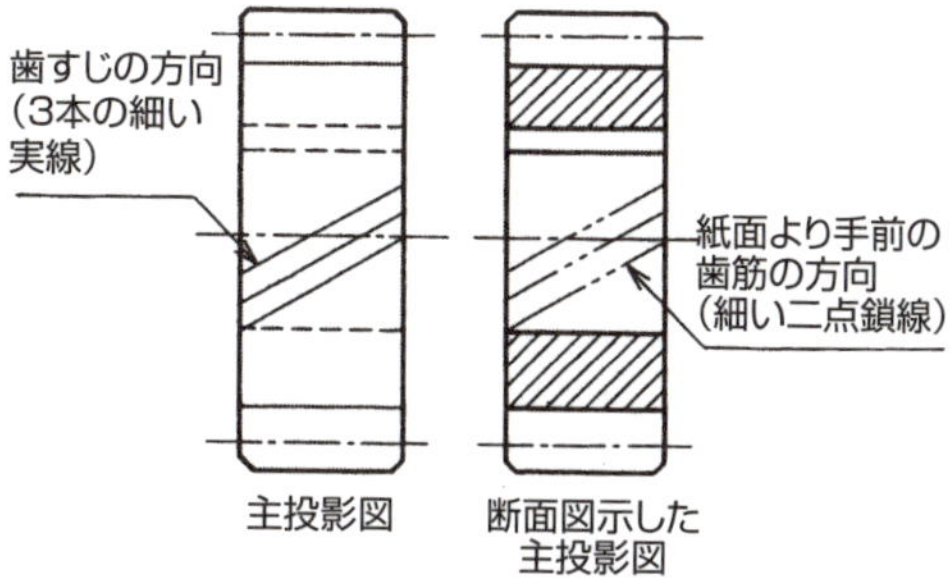

はすば歯車の簡略図

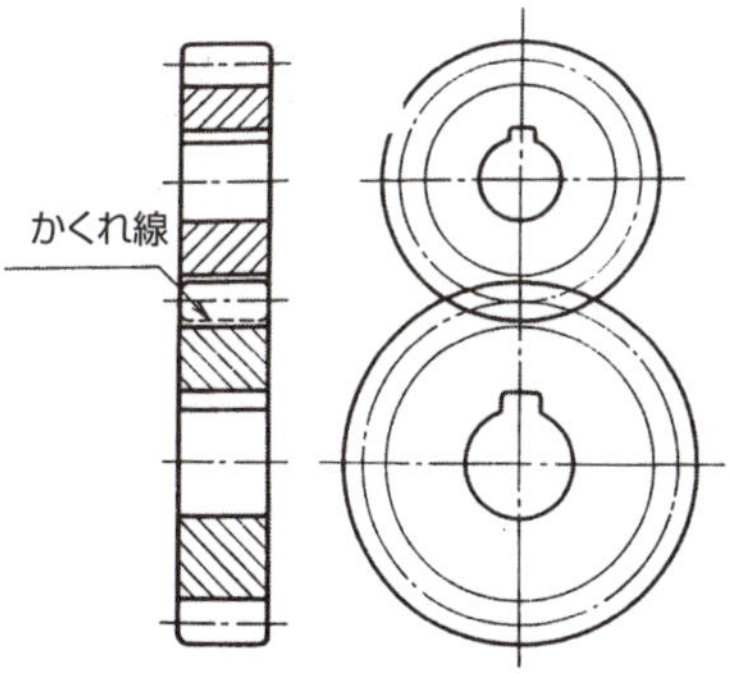

かみ合う一対の平歯車の簡略図

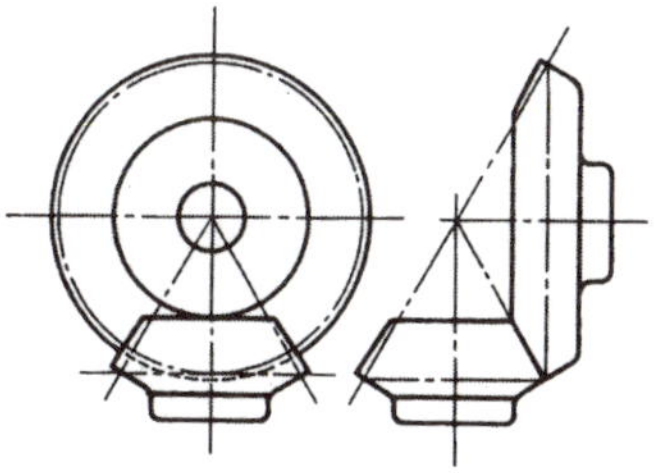

かさ歯車の簡略図

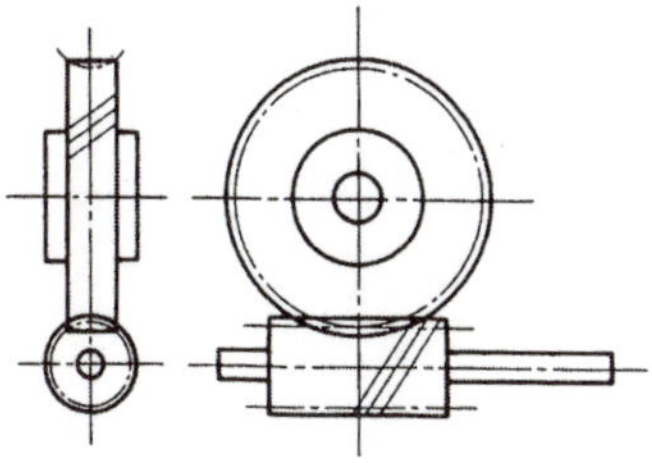

ウォームギヤの簡略図

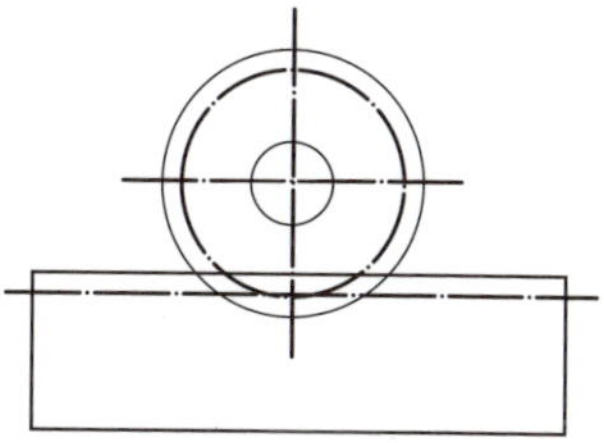

ラックとピニオンの簡略図

49 歯車の軸

軸の直径とはめあい

歯車装置を適切に動かすためには、歯車に関連する他の機械要素に関する知識も欠かせません。歯車の中心には必ず軸があり、動力や回転速度は必ずこの軸を介して行われます。軸の種類には、原動機の動力を軸の回転運動を通して伝動する伝動軸、工作物や工具を取り付けて回転しながら作業を行う主軸、自動車や鉄道車両において動力を伝動する車輪を支える車軸などがあります。

これらのうち、歯車による伝動は主にねじり荷重がはたらく伝動軸に用いられます。軸の強さに関しては、そこにはたらく動力やトルクなどを計算して、その直径を決定します。なお、軸の直径の値には、JISで規定された区切りのよい数が用いられます。断面形状は通常は円形断面であり、完全に身が詰まっている中実のほか、パイプ状である中空があり、それぞれ軸の直径を求める計算式は異なります。

歯車の中心穴と軸を適切に締結するためには、両者の大きさをどのくらいの寸法にすればよいのでしょうか。これは意外とややこしい問題であり、たとえば歯車の中心穴の直径を10ミリ、軸の直径を10ミリにすればよいというものではありません。製品の寸法は1つの数値ではなく、あらかじめ許された誤差の限界である許容範囲を規定されています。大きい方の限界を最大許容寸法、小さい方の限界を最小許容寸法といい、両者の差を寸法公差といいます。

穴と軸のはめあいにおいて、軸の直径が穴の直径よりも小さい場合の差をすきま、逆に穴の直径より大きい場合の差をしめしろといいます。はめあいには、穴の最小許容寸法よりも軸の最大許容寸法が小さいすきまばめ、穴の最大許容寸法よりも軸の最小許容寸法が大きいしまりばめ、穴の最小許容寸法が軸の最大許容寸法より大きく、かつ穴の最大許容寸法より軸の最小許容寸法が小さい中間ばめの3種類があります。

要点BOX
●歯車の中心には軸がある
●軸の種類
●歯車の中心穴と軸の関係

歯車の軸

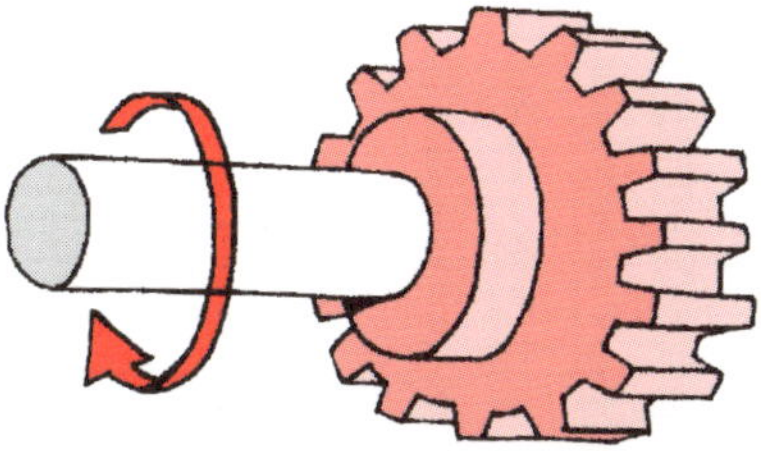

伝動軸、主軸、車軸など

歯車の中心には必ず軸があり、動力や回転速度は必ずこの軸を介して行われる

▼

そのため、軸に関する知識も必要

断面係数

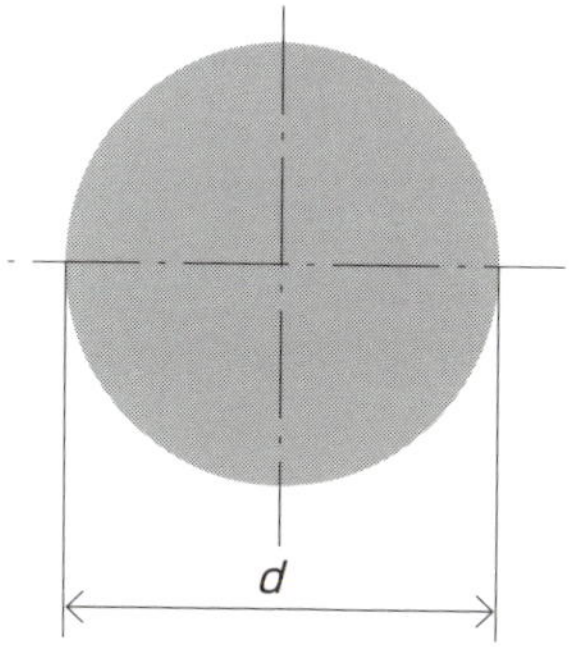

中実丸棒

$$z = \frac{\pi}{32} d^3$$

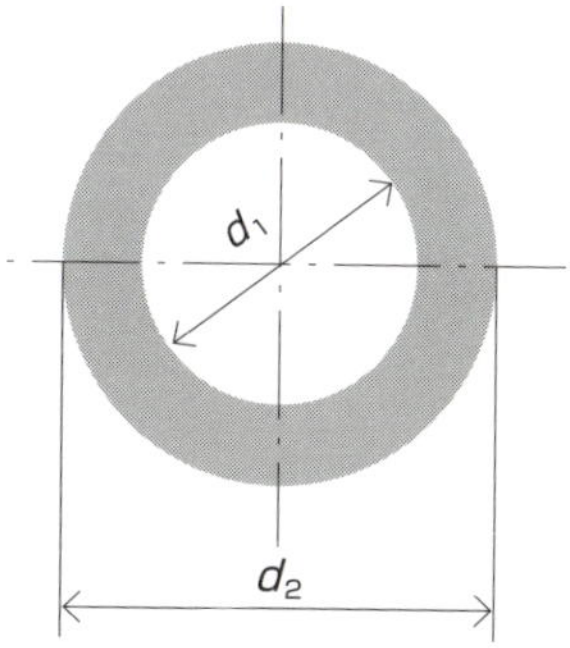

中空丸棒

$$z = \frac{\pi}{32} \left(\frac{d_2{}^4 - d_1{}^4}{d_2} \right)$$

はめあいの種類

すきまばめ　　しまりばめ

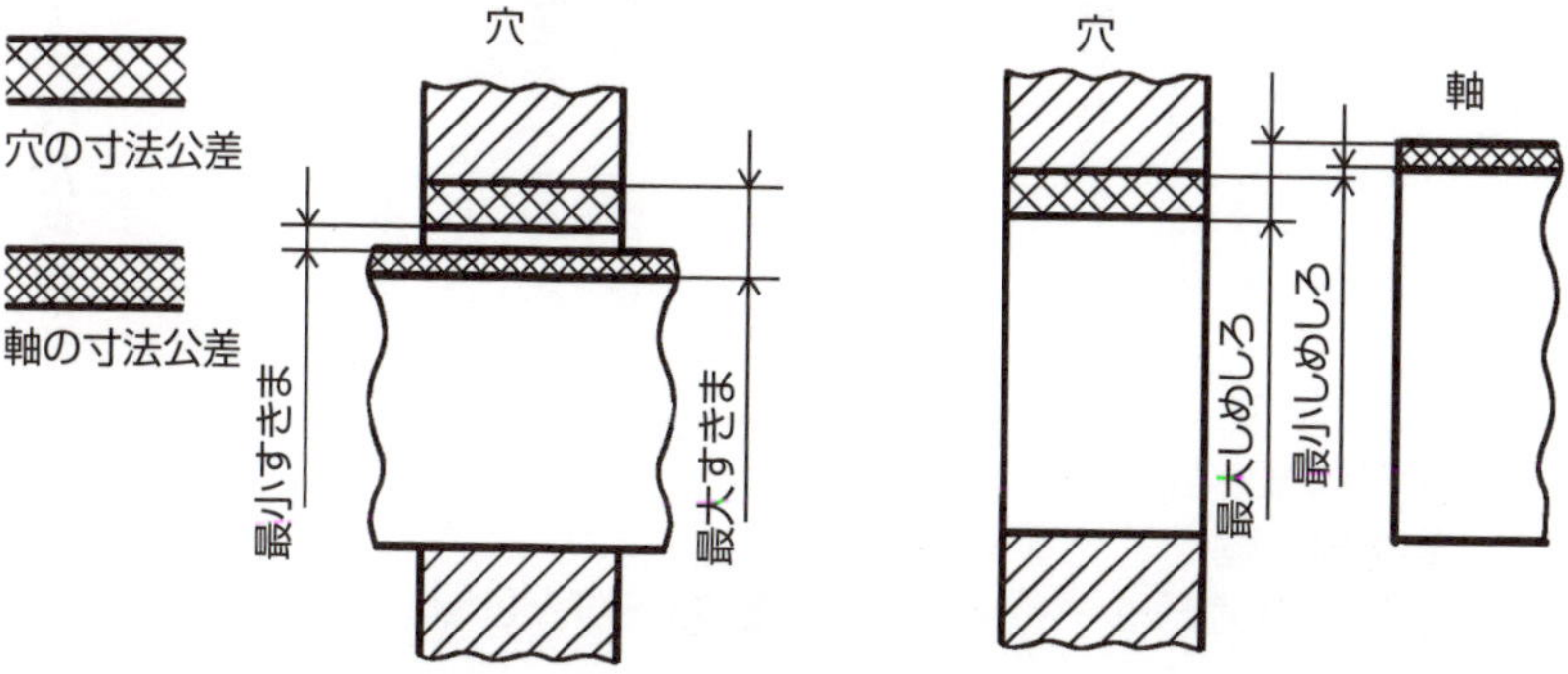

50 歯車の穴と軸の締結

キーのはたらき

穴の寸法を基準として軸の寸法交差を管理するはめあいを穴基準、軸の寸法を基準として軸の寸法交差を管理するはめあいを軸基準といいます。穴と軸の加工は軸の加工の方が容易であるため、一般には穴基準が用いられています。

はめあいだけでは締結力が小さい場合、歯車が回転している間に軸が空回りしてしまうおそれがあります。そのような場合には、両者の間に物理的に接触するキーと呼ばれる小部品が用いられます。キーを用いた締結には、軸側にキーをはめこむキー溝と呼ばれる溝を設ける場合とキー溝を設けずにそのままはめ込むものがあります。一般的に動力伝達用の軸にはキー溝が設けられます。

キーの種類は次の6種類について、各部分の寸法などがJISで規定されています。平行キーは上下面が平行なキーであり、その寸法は幅と高さなどが規定されています。ねじ用穴なしとねじ用穴付きがあり、端部の形状には両丸形、両角形、片丸形があります。

こう配キーは1／100のこう配をもつキーであり、その寸法は平行キーと同じく、幅と高さなどが規定されています。平行キーが、あらかじめキーを溝にはめておいた後に歯車やプーリを軸に押し込むのに対して、こう配キーは、歯車やプーリを軸に押し込んだ後にキー溝にキーを打ち込んで取り付けます。頭付きと頭なしがあり、頭付きは打ち込みやすくするためのものです。

半月キーはキーの傾きが自動的に調整されるキーであり、幅と半月の半径などが規定されています。また、キーの形状には丸い底の丸底、平らな底の平底があります。

一般的に、キーは軸よりも少し硬い金属材料で作られ、引張強さは600N／㎟以上であることが規定されています。また、キー溝の種類の形状および寸法に関してもJISで規定されています。

要点BOX
- ●穴基準と軸基準
- ●歯車と軸を締結するキー
- ●キーの種類は平行キーとこう配キーなど6種

キーのはたらき

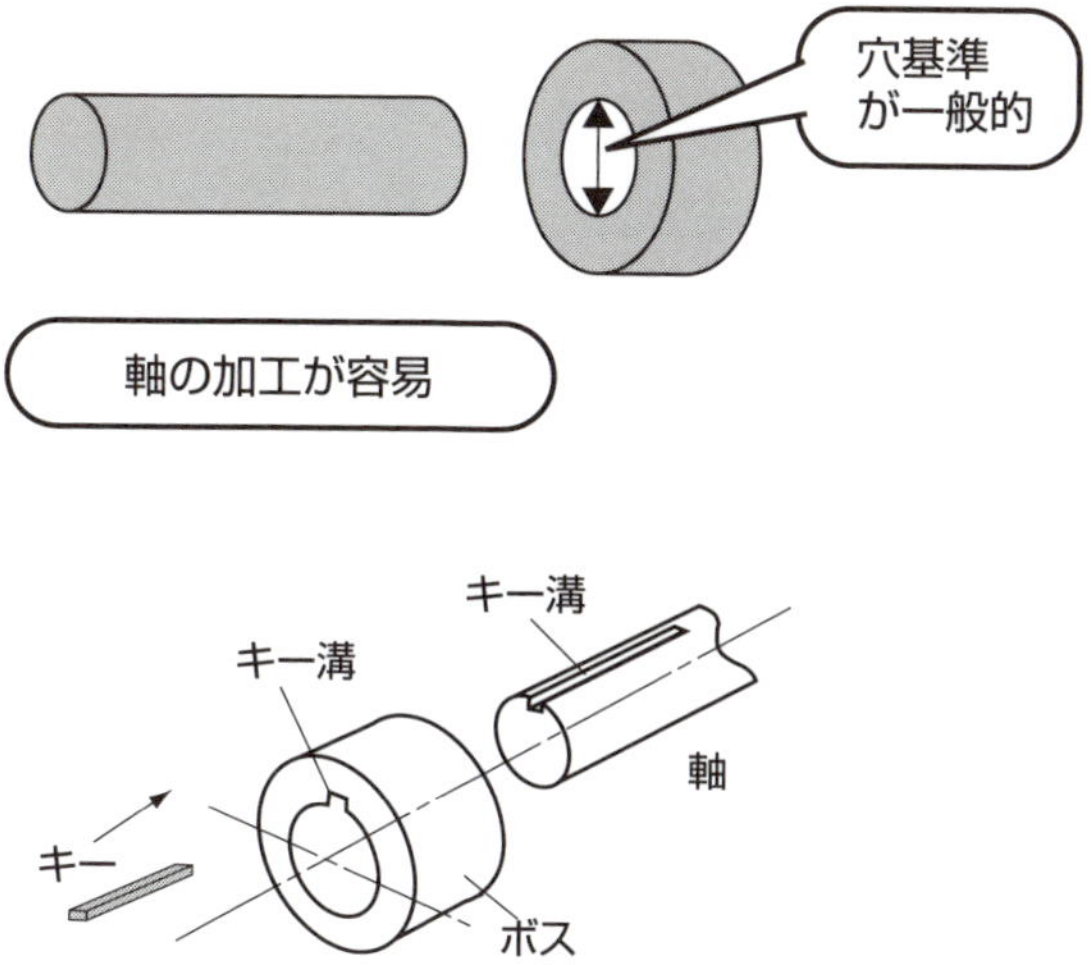

キーの種類

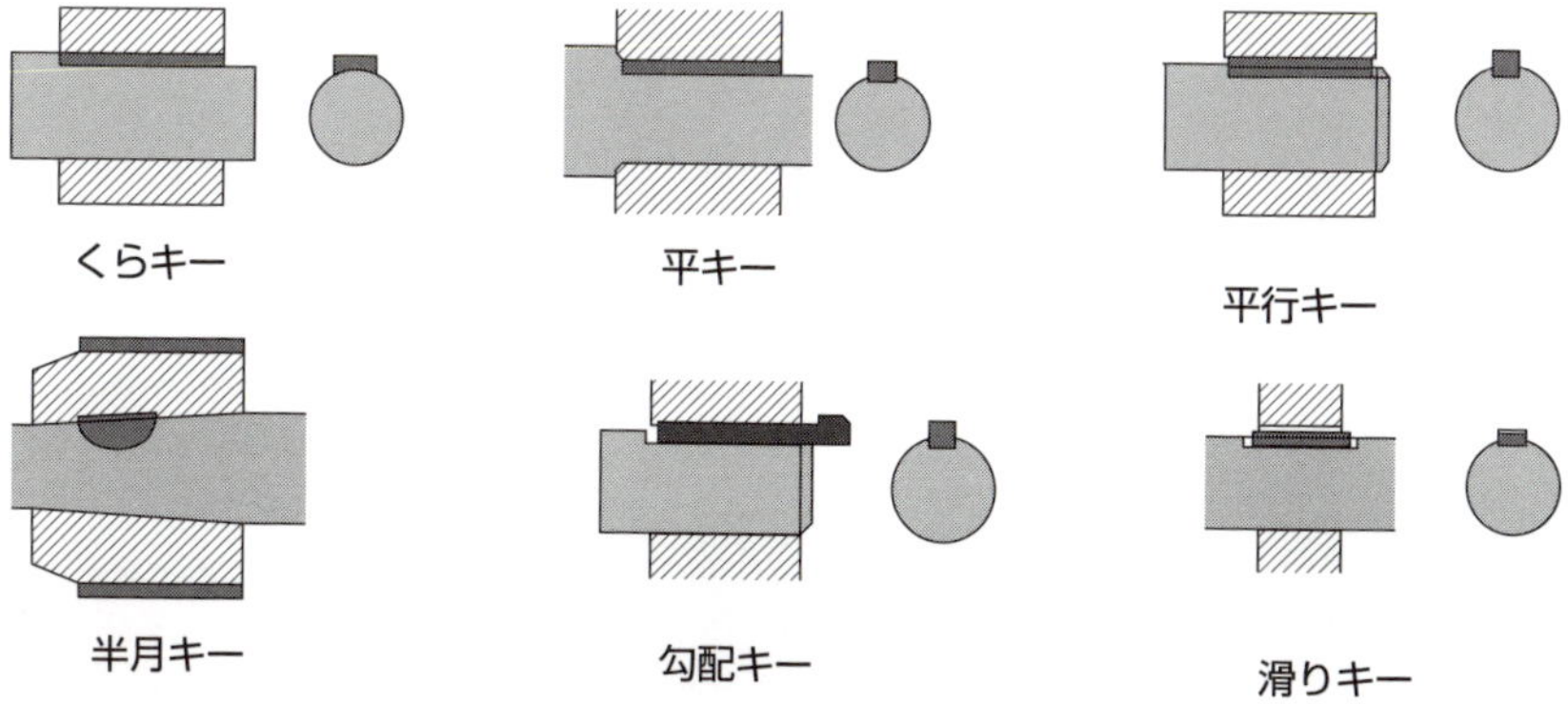

キーの端部

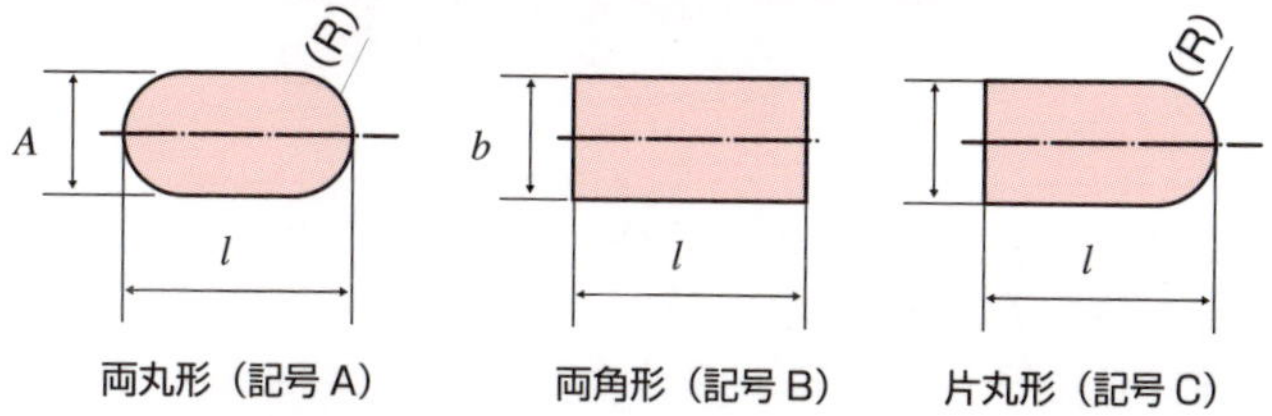

51 歯車の軸受

転がり軸受と滑り軸受

　歯車の軸の回転運動を支えるためには軸受と呼ばれる機械要素が用いられます。軸受には接触部分の摩擦を少なくさまざまな工夫がほどこされており、その原理は転がり軸受と滑り軸受とに大別できます。

　転がり軸受は重い物体を動かすときに物体の下にコロと呼ばれる丸太などを並べてものを運んだ原理を応用したものであり、内輪と外輪の間に入れた転動体の転がりを利用して摩擦抵抗を小さくしています。転動体に玉を用いる玉軸受やころを用いるころ軸受をはじめ国際的な規格に基づいたさまざまな種類があり、互換性、経済性の面でも優れています。

　滑り軸受は軸のまわりを面で支持する滑り摩擦だけが生じる軸受です。玉軸受が点接触、ころ軸受が線接触しているのに対して、滑り軸受は面接触のため、転がり軸受よりも許容できる荷重が大きく、騒音や振動が少なく、耐衝撃性にも優れるという特長があります。

　一方で滑り軸受は一品物として設計が行われるため、転がり軸受と比較すると、標準化・規格化が遅れています。歯車の軸受として使用する場合にも、比較的寸法が小さな軸には転がり軸受、大きな太さの軸には滑り軸受が用いられることが多いです。

　平歯車がかみ合う場合には円周方向の力を支えることのみを考えてラジアル軸受を選べばよいですが、斜めからの荷重がはたらくかさ歯車のような場合にはスラスト荷重も考慮しなければなりません。一般に接触角が45度未満であり、主としてラジアル荷重を受けるものをラジアル軸受、45度以上であり、主としてスラスト荷重を受けるものをスラスト軸受と分類しています。

　しかし、両者の荷重が同時にはたらくような場合には、1個の軸受でラジアル荷重とスラスト荷重の両荷重を支えることができる軸受を選定する必要があります。

要点BOX
- ●転がり軸受、滑り軸受の構造
- ●転がり軸受、滑り軸受の種類
- ●用途に応じて軸受も選ばれる

転がり軸受の構造

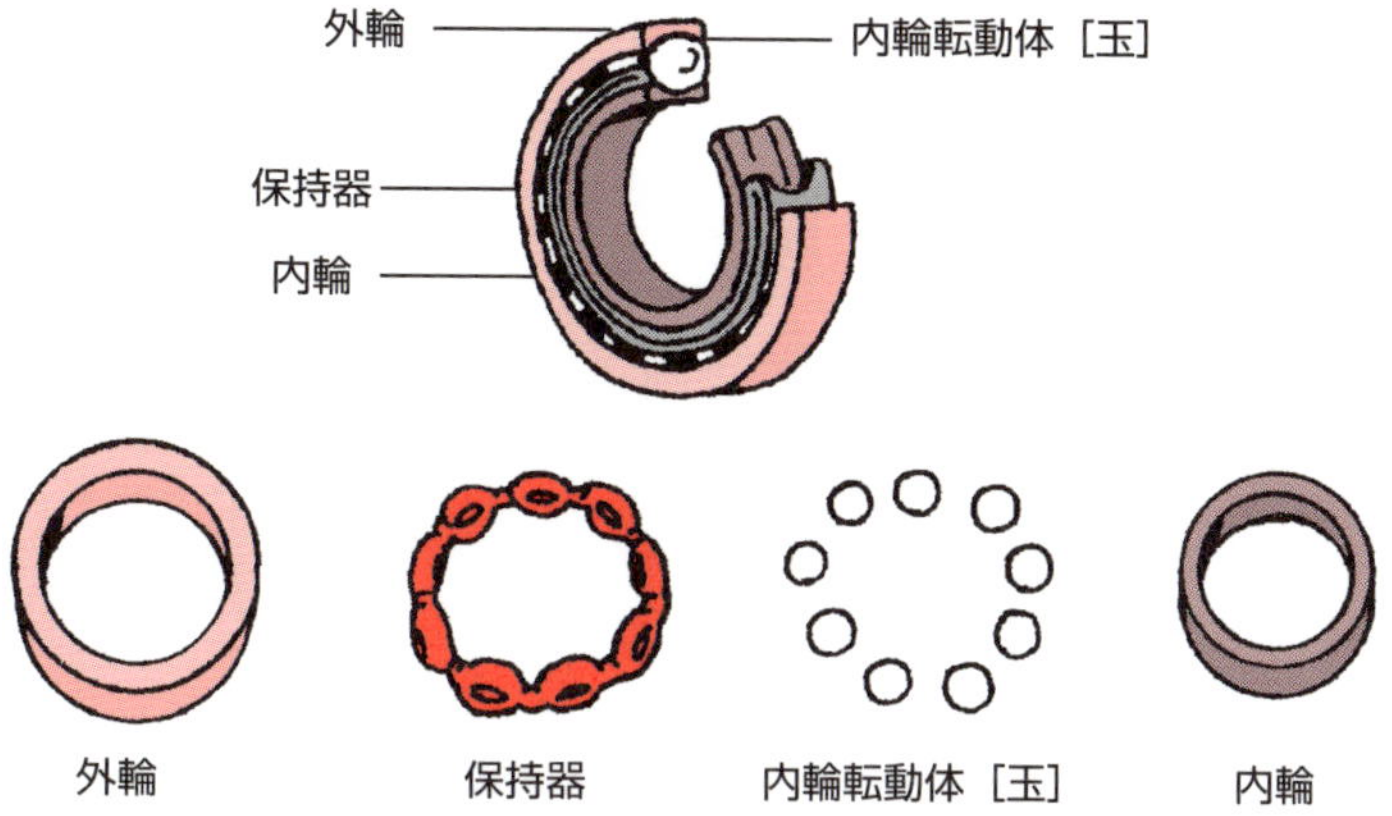

滑り軸受の構造

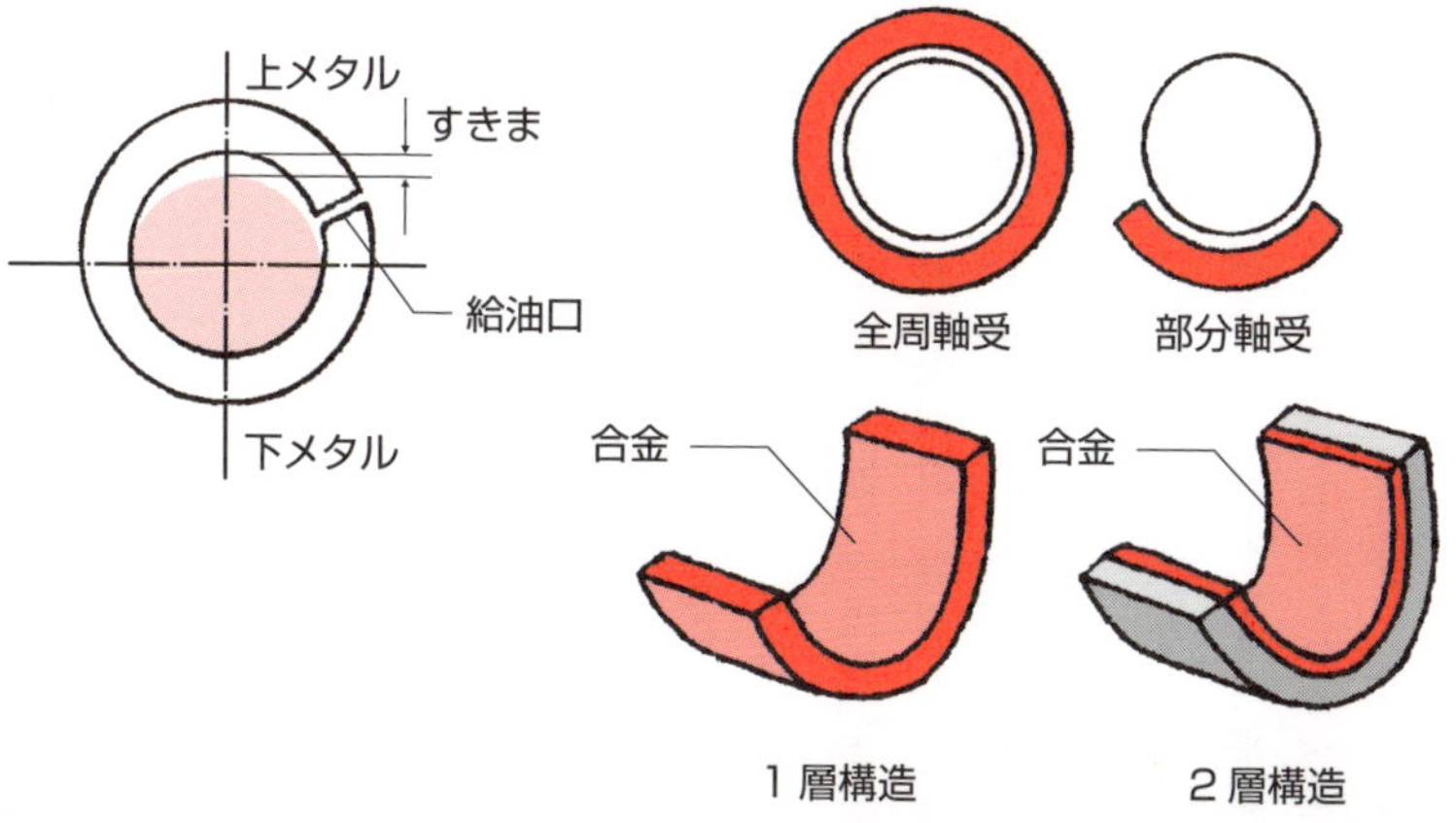

ラジアル荷重とスラスト荷重

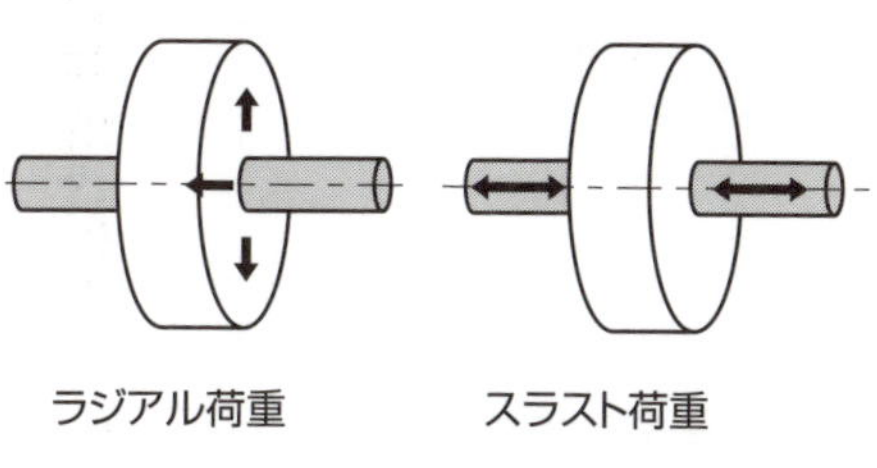

滑り軸受と転がり軸受

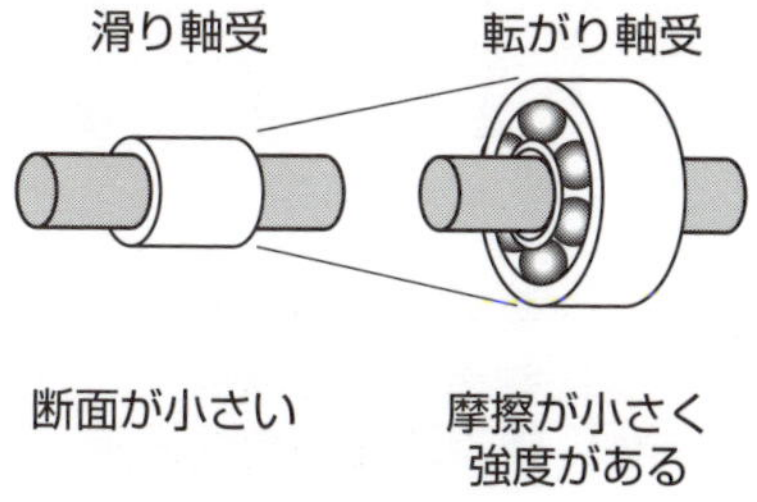

52 歯車の潤滑油

歯面の摩耗や焼き付きを防ぐ

歯車が滑らかに動力を伝達するためには、歯車がかみ合う部分に油膜を形成することで、金属部品が接触を起こさないようにする必要があります。歯車に使用される潤滑油の一番のはたらきは歯面の摩耗や焼き付きを防ぐことです。また、摩擦面における摩耗量を減少させることによる機械寿命の延長や機械精度の維持などのはたらきもあります。さらに潤滑油により摩耗面における摩擦力を減少できれば、機械を駆動するためのエネルギーの節約にもつながります。潤滑油にこれらのはたらきをさせるための具体的な性質としては、油水分離性や酸化安定性、さびないようにする耐腐食性、泡の発生を抑える消泡性などが求められます。

歯車に使用される潤滑油は、ギヤ油（JIS K 2219）に分類されています。ギヤ油には工業用と自動車用があり、いずれも粘りの度合いを表す粘度を密度で割った動粘度の違いによって分類されており、さらに中低荷重用と高荷重（衝撃荷重）用に分類されています。金属の二面の間の摩擦・摩耗の減少や、焼き付きの防止のためには極圧添加剤が用いられます。

給油法には、全損式と反復式があり、それぞれ用途に応じて使い分けられています。全損式には、手差し給油、油容器に貯められた状態から重力によって滴下する滴下潤滑、給油ポンプを用いて複数の給油管から分配弁を通して多数の潤滑油を必要な個所へ送り込む集中潤滑、霧吹きの原理を応用した噴霧給油器により潤滑面に潤滑油と空気が混在した霧状の潤滑油を供給する噴霧潤滑などがあります。反復式には、潤滑油をタンクなどの容器に貯めておき、歯車が溜まった潤滑油の中を通過することにより、潤滑面に潤滑油を供給する油浴潤滑、潤滑油を循環させて、繰り返し使用する循環潤滑などがあります。

どの方式の給油法も用いるかは、歯車の大きさや回転速度、使用温度などに応じて検討します。

要点BOX
- ●歯車の潤滑油
- ●潤滑油の種類
- ●潤滑油の給油方法

歯車の潤滑

歯車に潤滑油を与える理由

▼

歯面の摩耗や焼き付きを防ぐため

歯車にとって潤滑油は
なくてはならないんですね。

給油法の種類

全損式

OIL

手差し給油

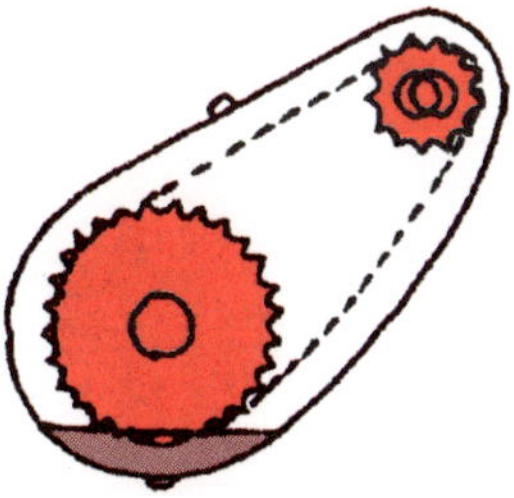

油浴給油

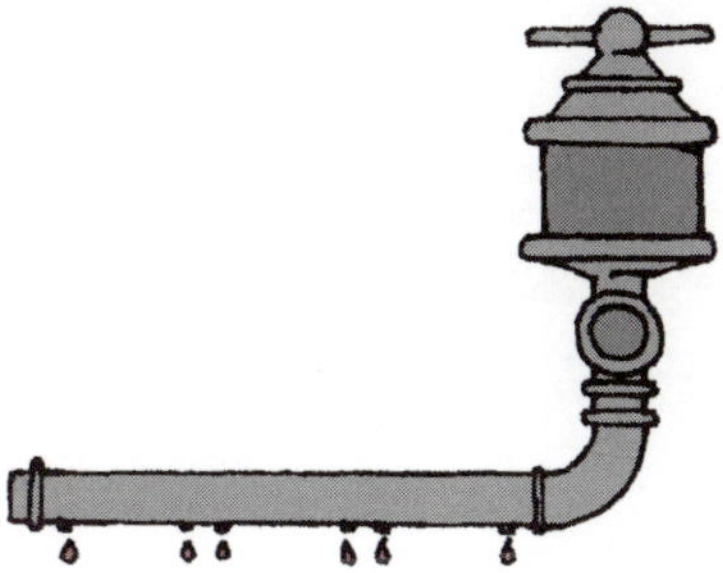

滴下給油

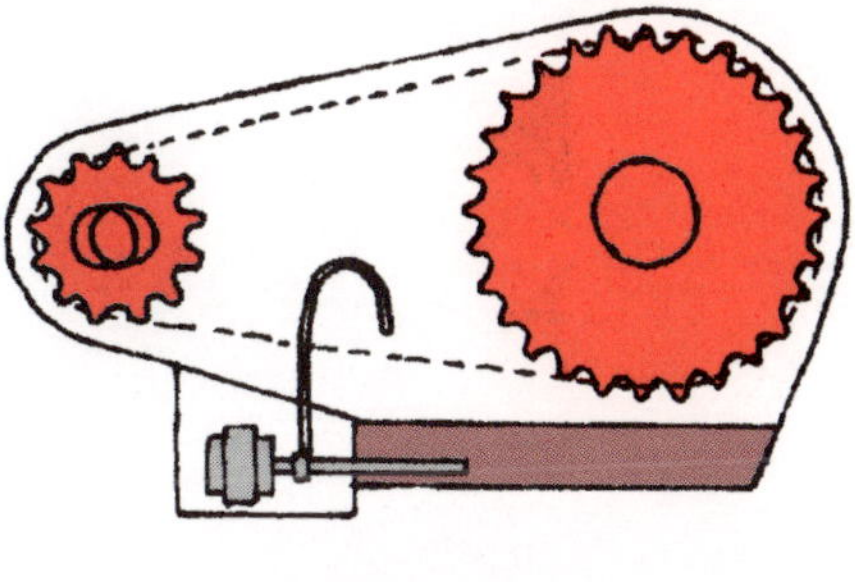

強制循環給油

Column

産業遺産の歯車

近代日本が技術立国になるためには、各地で大小さまざまな歯車が活躍しました。そのいくつかは産業遺産として保存されており、実際に目にすることができます。川崎市の富士見公園内（JR川崎駅より徒歩10分）には、川崎市の産業を支えてきたシンボルとして、大きなやまば歯車が展示されています。これは日本冶金工業㈱川崎製造所において、1966年から1996年まで稼働していたプラネタリ熱間圧延機のフィードロール減速機歯車です。

圧延機の入口で鋼板を一定量送り込むための減速を行うのに使われたこの歯車により、厚さ150ミリのステンレス鋼板を1回の圧延で2～3ミリに圧延が可能となったことで、ステンレス鋼の一貫生産体制が確立し、生産性が飛躍的に向上しました。

第6章
実際に歯車を作ってみよう

53 機械加工の種類

歯車加工に適するものは

歯車の作り方の説明に入る前に、一般的な機械加工の種類をまとめておきます。

切削加工は刃物に力を加えて工作物の不要な部分を除去する加工法です。切削工具と工作機械にはたくさんの種類があり、汎用の機械に歯車加工用の工具を取り付けて加工を行うものや、歯車加工に特化した専用の工作機械もあります。なお、切削加工では切りくずが発生します。

塑性加工は金属に大きな力を加えて、その力を除いたときにも変形が残る塑性変形を利用した加工法です。主に板や棒の材料を扱い、ハンマで叩く鍛造をはじめ、材料を2つに切り離すせん断加工、いろいろな形に曲げる曲げ加工など、さまざまな種類があります。切削加工と比較して切りくずが発生しないことや金属組織が壊されないため、機械的性質が良好なことなどがあげられます。

鋳造は作ろうとする製品と同じ形状の型に溶かした金属を流し込んで成形する加工法です。型を作ることができれば、複雑な形状の製品も比較的容易に作ることができ、歯車の製造に用いられることもあります。

溶接は溶融した金属の接合部分を互いに溶かし合わせる加工法です。従来、大きな歯車の加工には鋳造が用いられていましたが、強度が確保できないという欠点があったため、溶接を用いた歯車も登場しました。

研削加工は砥石車を高速で回転させ、工作物を研ぐ加工法です。切削加工などで製作した歯車の歯の表面に研削加工を施すことで、歯車の表面の精度を向上させることができるため、多くの歯車加工の最終工程に導入されています。

このほか、工作物の表面に硬さや耐摩耗性などを与えると各種の表面処理が、歯車の加工においても用いられています。

要点BOX
- ●一般的な機械加工の種類
- ●切削加工、塑性加工の特徴
- ●鋳造、溶接、研削加工の特徴

機械加工の種類

切削加工

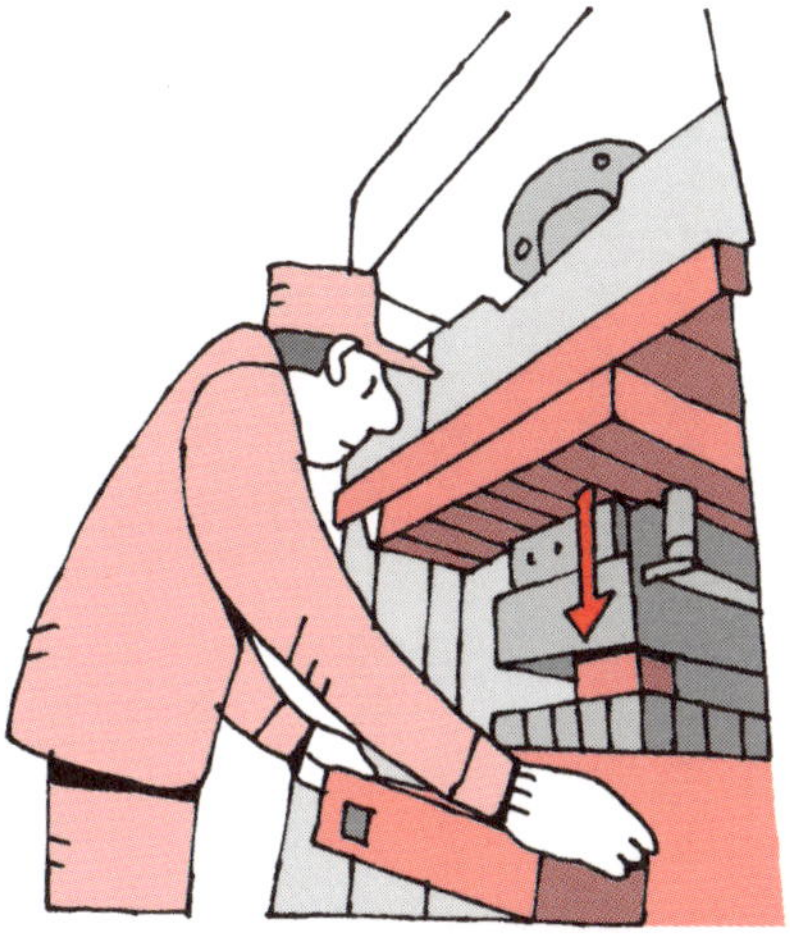

塑性加工（プレス成形）

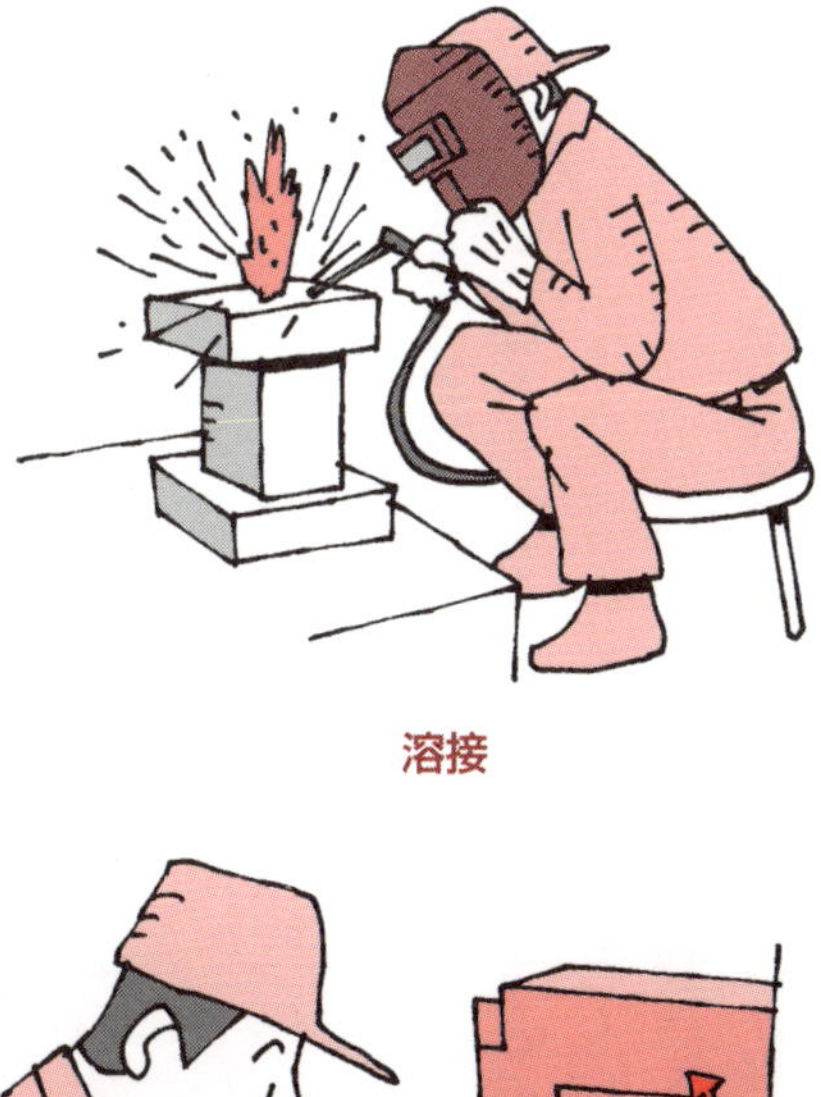

溶接

鋳造

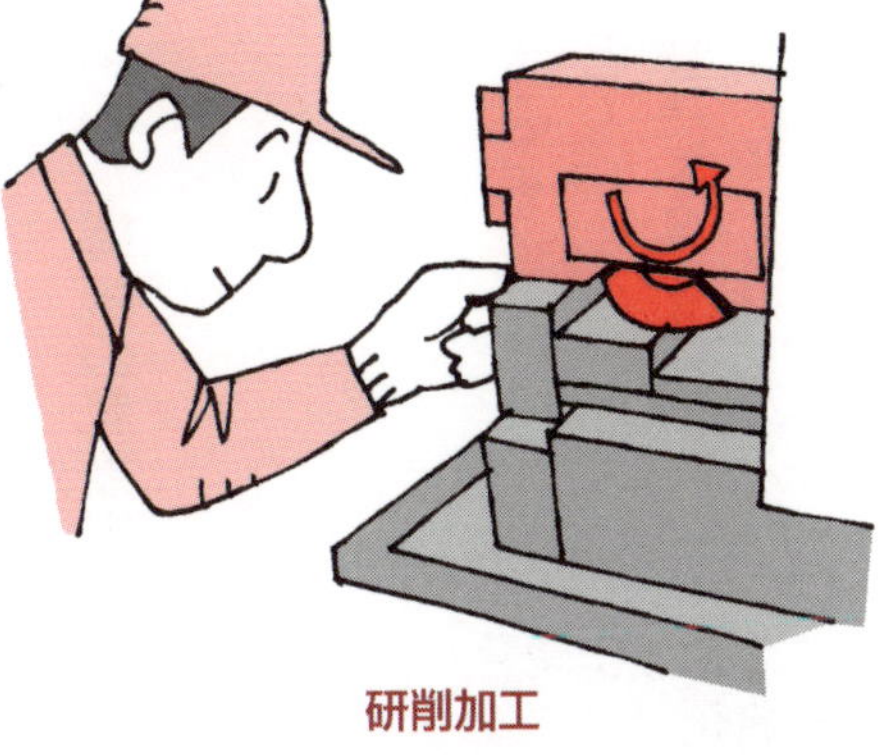

研削加工

54 歯車加工の歴史

歯切り機械の発展史

歯車が登場した初期の頃、その材料には木材が用いられており、水車や風車を作る職人が活躍していました。その後、17世紀頃には時計用の小さな歯車から動力伝達用のかなり大きな歯車までが金属で作られるようになっていましたが、これらの多くはやすりによって手作業で作られていました。18世紀のはじめ、スウェーデンの技術者・ポルハムは、時計工場を設立して数多くの時計用の歯車を製作する機械を製作しました。それらの機械の1つは、歯溝の断面をもったやすりが上下運動を行うことによって歯切りが行われるようなメカニズムをもつものでした。同じ頃、フランスの技術者・ヴォーサンソンは、回転やすり式のカッターや歯切りの位置を割り出す割出し盤をもつ歯切り機械を開発しました。

1860年代にアメリカのブラウン・アンド・シャープ社は、現在のフライス盤の原型となるような工作機械を開発しました。この万能フライス盤にはさまざまな形状の刃をもつフライスをとりつけることで、工作物をさまざまな形状に加工できるようになり、いろいろな大きさの歯車も作られました。

ねじ状の回転工具であるホブが登場するのはこの少し後になります。グラントは1887年に取得した特許によってホブ盤を製作しました。当初のホブ盤はウォームホイールの歯切りからはじまり、後に平歯車にも用いられるようになりました。さらに後には、はすば歯車ややまば歯車、かさ歯車などを製作できるホブ盤も登場することになります。

この間、数学者や設計者たちは滑らかにかみ合う歯車の歯形について研究を進め、サイクロイド歯車やインボリュート歯車などにたどり着きました。一方で、工作機械の製作者たちは、その理論を実現するための工作機械の開発を進め、平歯車だけでなく、複雑に曲がった形状の歯車なども作ることができるようになりました。

要点BOX
- ●歯車の最初は木材製
- ●1860年米ブラウン社フライス盤の原型開発
- ●1887年グラント社がホブ盤を開発

歯車加工の歴史

木材の時代

水車や風車の歯車

やすりがけで加工

金属の時代

時計の歯車

▼

さまざまな工業製品に歯車が活用

▼

歯車を製作する工作機械が登場

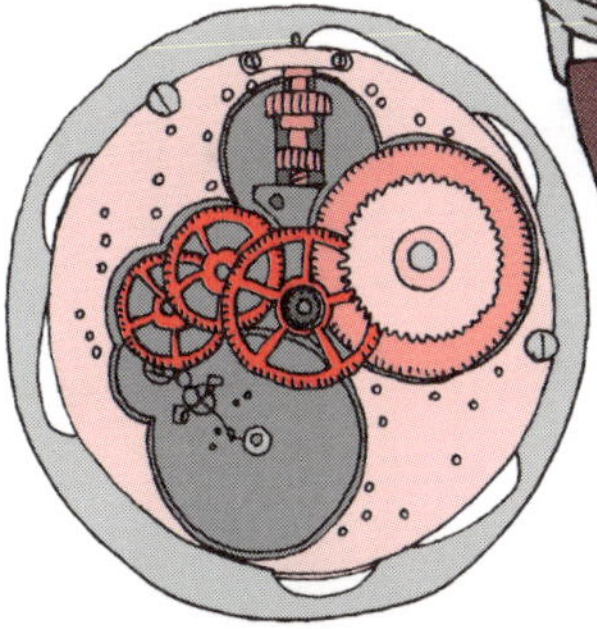

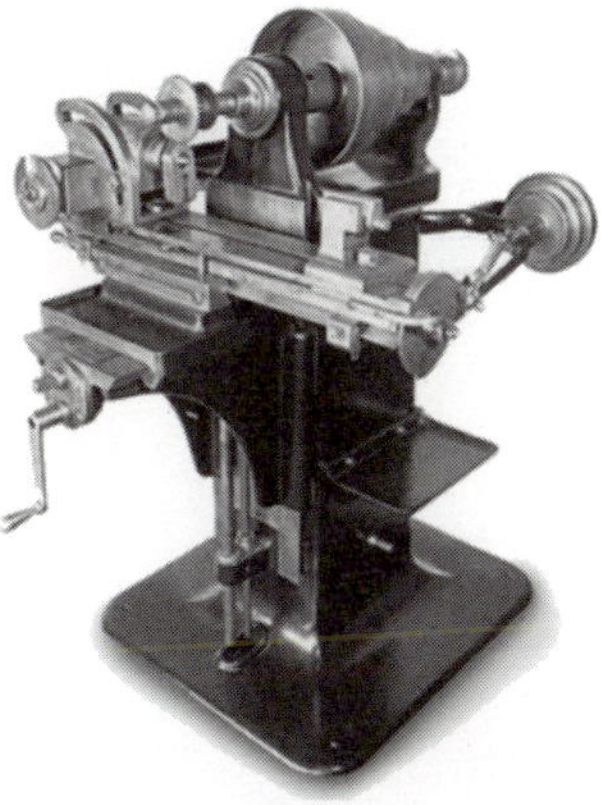

ブラウン・アンド・シャープ社（1960年）
万能フライス盤

（「工作機械を創った人々」宮崎正吉著）

55 歯車のブランク加工

歯車加工の第一歩

歯車を製作するときには、まず最初にブランクと呼ばれる歯を成形するための材料を用意します。ブランクの形状や中心穴の位置にずれがあると、次の歯切り加工がうまくいかず、最終的に不良品となってしまうため、精密なブランク加工は歯車加工の第一歩となります。

ブランクの形状としては、中心部に軸を取り付ける穴があいている軸穴付き、軸付きのものがあります。比較的小形な歯車のブランク加工は、丸棒を用いて、旋盤加工を行います。ここで旋盤とは、円柱状の材料をつかんで回転させ、これにバイトと呼ばれる刃物を当てて材料を切削する代表的な工作機械です。

旋盤にはチャックと呼ばれる爪があり、まずここで断面が丸い材料をつかみます。次に材料を回転させてみたときに材料が振れることがないことを確認します。爪には一カ所のねじを回転させると3つの爪が連動して動く三爪チャックと4つの爪が別々に動く四爪チャックがあり、四爪チャックの方が高精度の加工ができます。

大形機械の動力伝達装置として用いられる歯車は、丸棒から製作した場合、重くなってしまうために多くの除去加工が必要となります。そのため、大形の歯車は、塑性加工や鋳造によって成形され、リムやハブなどを溶接で接合するなどして製作します。大形の歯車ではほとんどの場合、鉄鋼材料が用いられており、特に歯部には強度や耐摩耗性に優れた材料が採用されています。

精密なブランク加工を行うことができたかどうかは、まず平歯車の場合、基礎となる円板がきちんと成形されているかを見ます。次に大事になるのは軸穴です。いくら円板がきちんと成形できたとしても、軸穴が決められた寸法よりも大きかったり、小さかったりすれば、軸ときちんとした接合ができません。そのため、軸穴の寸法精度は重要です。

要点BOX

- ●歯車加工の第一歩は精密なブランク加工
- ●小形歯車は旋盤加工で
- ●大形の歯車は塑性加工や鋳造で

歯車のブランク加工

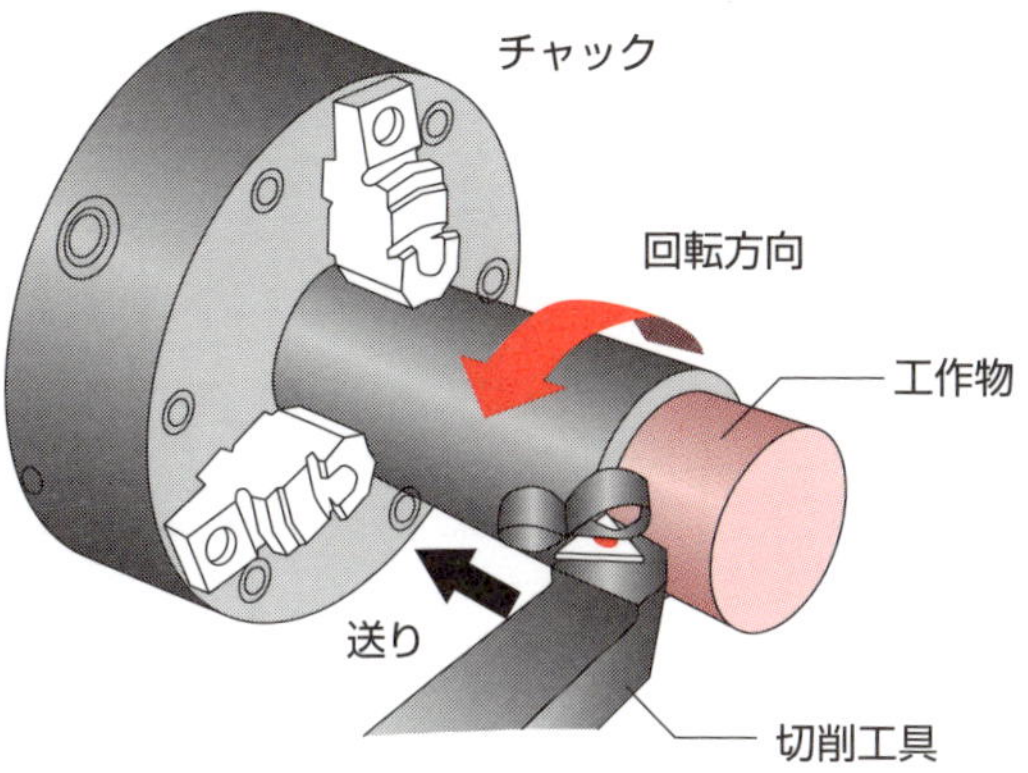
チャック
回転方向
工作物
送り
切削工具

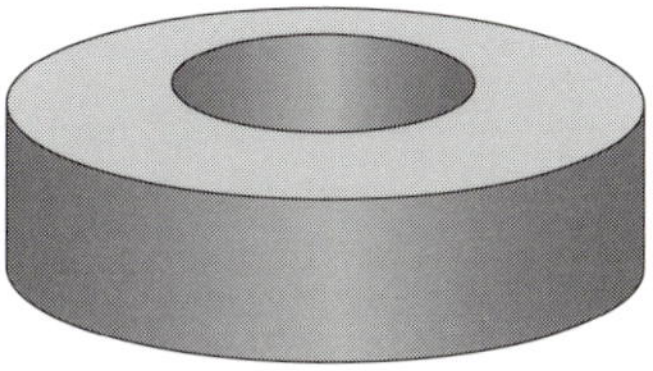
ブランク

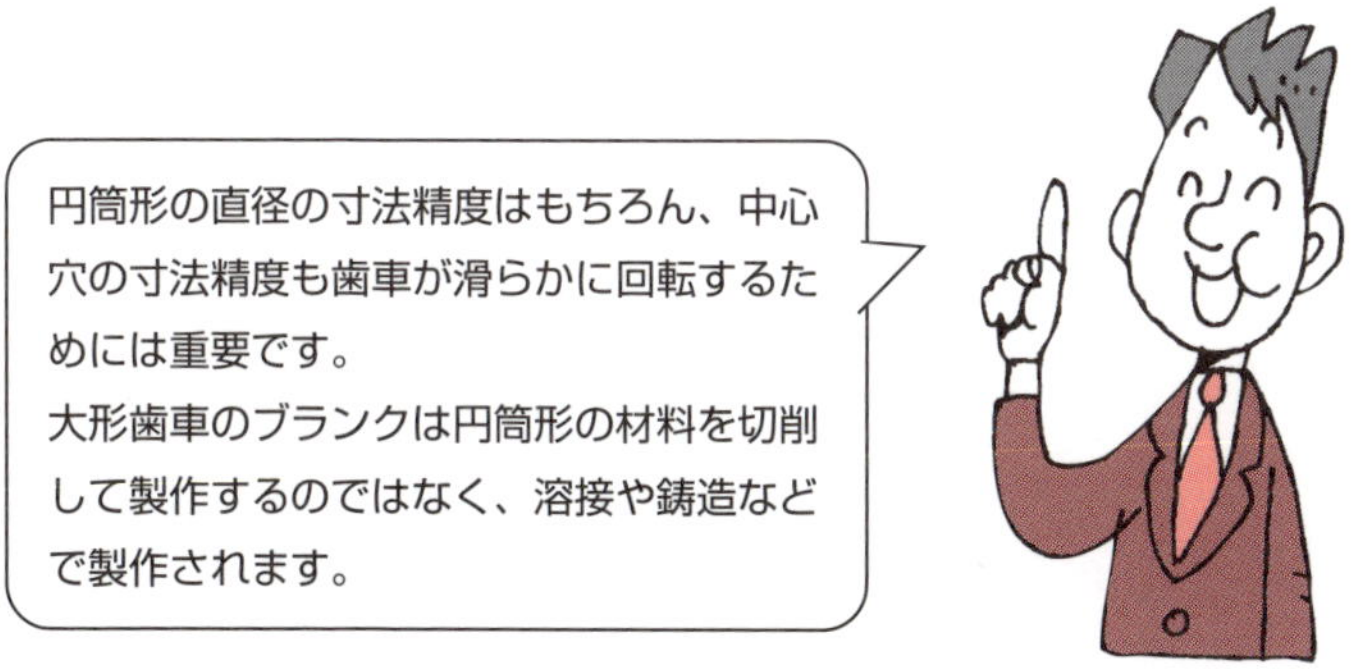
円筒形の直径の寸法精度はもちろん、中心穴の寸法精度も歯車が滑らかに回転するためには重要です。
大形歯車のブランクは円筒形の材料を切削して製作するのではなく、溶接や鋳造などで製作されます。

大形歯車のブランク加工

56 成形法による歯切り

歯を1枚ずつ削って成形

歯車加工における成形法とは、フライスやバイトなどの切削工具を用いて、ブランクに歯溝を1つずつ切削していく加工法です。代表的なフライスは、インボリュート歯形で成形されたインボリュートフライスです。

フライスを取り付けて加工する工作機械をフライス盤といい、回転軸が鉛直方向にある縦フライス盤と回転軸が水平方向にある横フライス盤とがあります。金属などの加工対象物は可動式のテーブル上に固定され、回転軸の先端に取り付けた回転工具の刃先で切削されます。また、テーブルは工具の回転中心軸に対して横方向へ動かして切削します。主に平面や溝などの加工に用いられており、歯車の加工は溝加工の1つの形であり、横フライス盤を用いることで、平歯車やすぐばかさ歯車の加工ができます。はすば歯車の加工を行うためには、テーブルを水平面内で旋回できる機能をもたせた万能フライス盤を使用します。

エンドミルはドリルに類似した外観を持ちますが、ドリルは軸方向に推進して円形の穴をあけるのに対して、エンドミルは側面の刃で切削して、軸に直交する方向に穴を削り、広げる用途に用いられる切削工具です。エンドミルは、端面を平滑に仕上げる際にも用いられます。側面から見たときに歯車の形状をしている歯切り用のエンドミルもあり、後述するホブ加工前の荒削りなどに用いられます。

バイトを取り付けて加工する機械の代表は旋盤です。旋盤は円柱状の材料を回転させて、これにバイトと呼ばれる刃ものをあてて材料を削ります。しかし、汎用旋盤で歯車を加工する例は少なく、バイトを用いた歯切りは形削り盤などで行われています。

成形法による歯切りでは、歯数やモジュールなどに対応した多数の歯形の歯切り工具を用意しなければならないことや割出し台を用いて歯切りの位置を決めなければならないため、生産性はホブ盤を用いた創成法にはかないません。

要点BOX
- ●歯車のフライスによる加工
- ●エンドミルによる加工
- ●生産性の良いホブ盤による創成法

1枚ずつ歯を切削する成形法

インボリュートフライスやエンドミル、バイトなどの切削工具を用いて、1枚ずつ歯を切削する

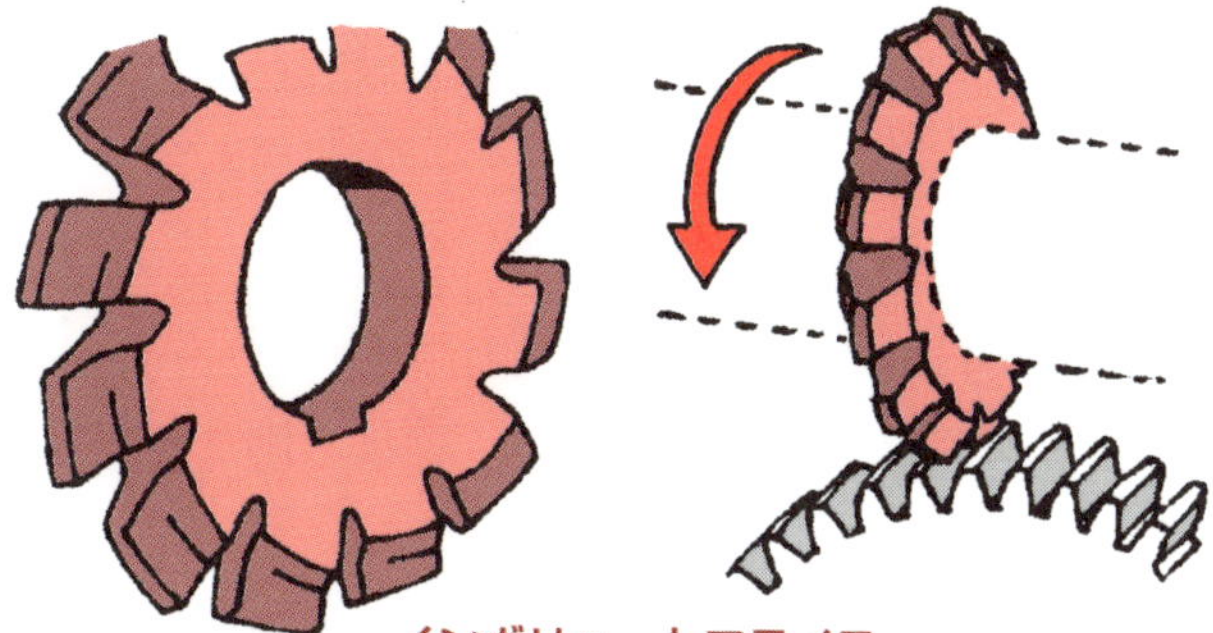

インボリュートフライス

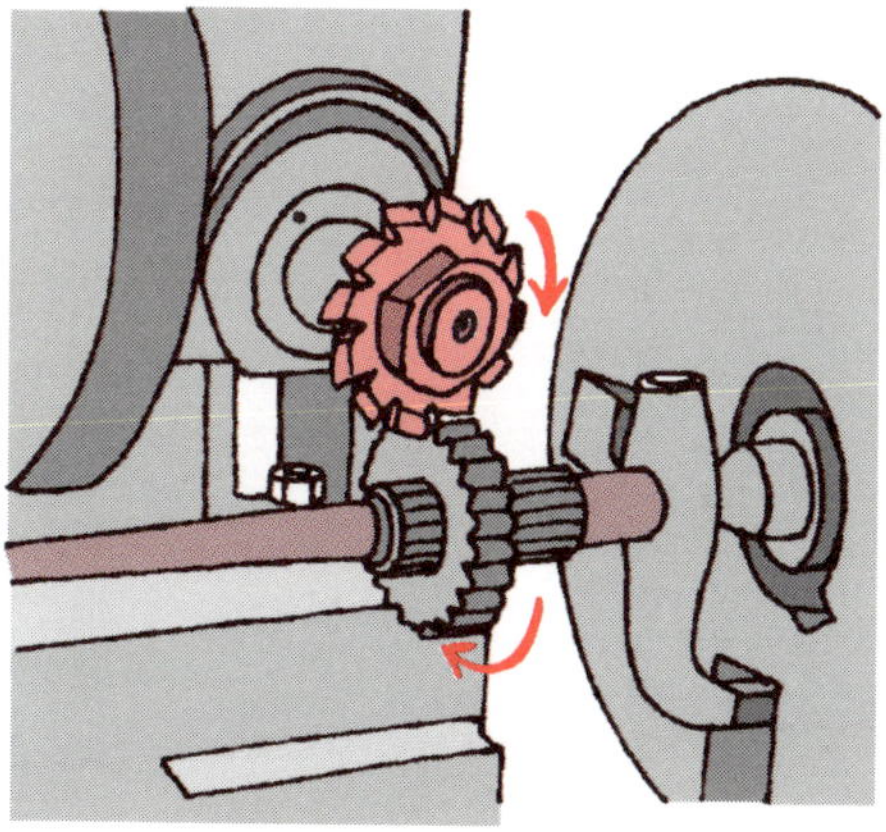

横フライスによる加工

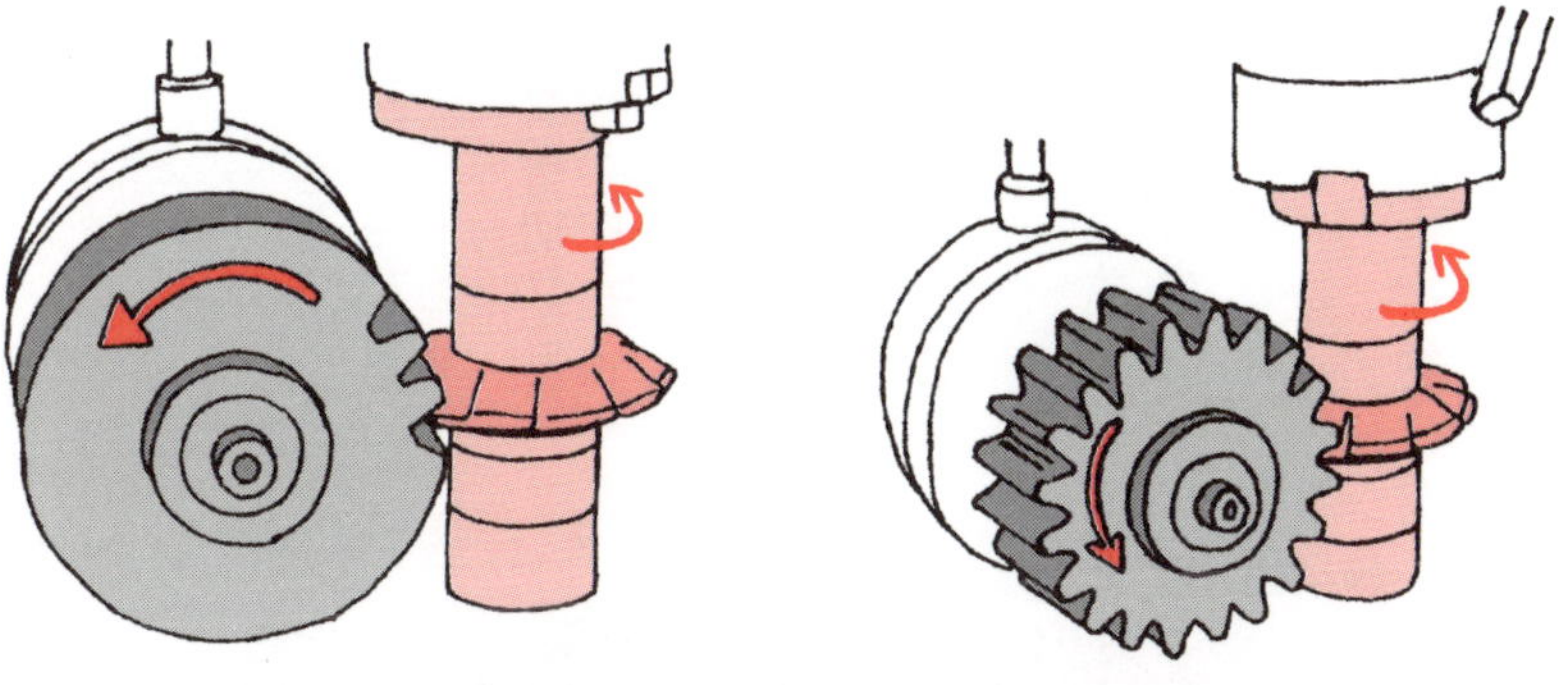

縦フライスによる加工（左が加工開始、右で加工終了）

57 創成法による歯切り（その1）

ピニオンカッタとラックカッタ

歯車加工における創成法とは、ピニオンカッタやラックカッタ、またはホブなどの切削工具を用いて、歯切りを行う工作法です。成形法による歯切りが歯を1枚ずつ加工するのに対して、創成法による歯切りでは、複数の歯を少しずつ創成していきます。成形法が歯数やモジュールなどに対応した多数の歯形の歯切り工具を用意する必要があったのに対して、創成法では基準となる歯切り工具が1つあれば、さまざまな歯数やねじれ角の歯車を効率良く加工できるという大きな特長があります。

ピニオンカッタは歯車の歯面に切れ刃をもつ歯切り工具です。カッタと被削物は一定の関係を保つ回転と歯すじ方向の往復運動を行いながら、歯車の歯形を創成していきます。ピニオンカッタと呼ばれるのは比較的歯数が少ないピニオンの形状をした工具を使用するためです。後述するホブ盤では加工できない内歯車や段付歯車の加工ができるという特長があります。また、ホブよりも切刃の再研削が容易で、歯形誤差も小さく精度が良好であるために滑らかな回転をします。

ラックカッタはラック状の切れ刃をもつ歯切り工具です。ラックカッタは往復運動のみを行いながら、ブランクがこれにかみ合い回転をしながら進みます。平歯車の加工ではホブ盤に劣るため用途はそれほど多くありませんが、やまば歯車の加工などを行うこともできます。やまば歯車のラックカッタは左右が一対となって往復運動をしながら加工を行います。

ピニオンカッタやラックカッタなどの歯切り工具は、歯車形削り盤、またはギヤシェーパと呼ばれる歯切盤に取り付けて用いられます。その機械の大きさは、加工できる歯車の外径、内径、歯幅およびモジュールなどで示されます。ホブが回転しながら切削加工を行うのに対して、歯車形削り盤ではカッターが上下あるいはスライドして切削加工をすることは共通です。

要点BOX
- ●歯車加工の創成法の特長
- ●ピニオンカッタとラックカッタの構造
- ●歯車形削り盤、歯切盤に取り付けて削る

創成法による歯車の切削

複数の歯を同時に創成したり、すべての歯を少しずつ切削する

ピニオンカッタ

ラックカッタ

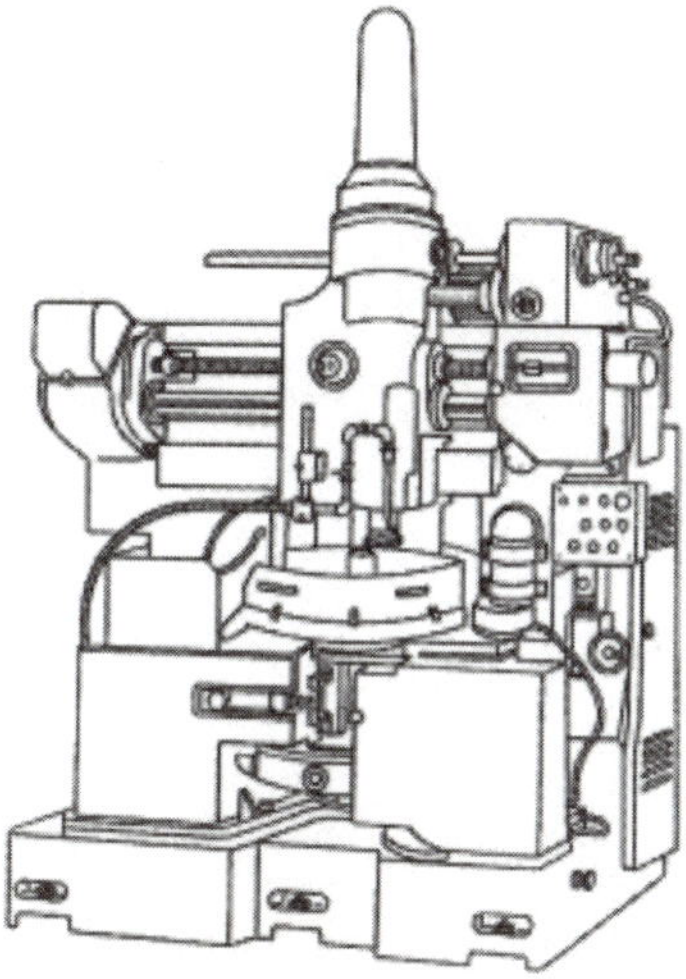

歯車形削り盤

58 創成法による歯切り（その2）

回転する工具のホブ盤

ホブと呼ばれる円筒の円周に歯形状の刃物をもつ切削工具です。ホブを回転させながら歯切り加工を行う工作機械をホブ盤といい、平歯車やはすば歯車、ウォーム歯車の多くはこの方法で加工されています。

ホブはモジュールや圧力角などに対応した多数の切刃をもち、ホブと歯切りをするブランクがラックとピニオンのような関係でかみ合いながら、歯の創成を行います。切削工具であるホブの材質には、鋼にクロム、タングステン、モリブデン、バナジウムといった金属成分を多量に添加したハイス（ハイスピードスチールの略）と呼ばれる高速度工具鋼や硬質の金属炭化物の粉末を焼結して作られる超硬合金が用いられます。

ホブとブランクの関係は、軸に取り付けられたホブがその場で回転運動、この軸に垂直の関係にある軸にブランクを配置します。このブランクの軸はブランクを上下に往復させることと、必要な切り込み量に応じてホブの軸に近づけることができます。そして、ホブの回転に合わせて適切な回転速度でブランクを回転させることで、ホブの切刃がいつも同じ位置を切削できます。ホブとブランクの接触により歯は全体的に少しずつ創成されます。

ホブの切込み量は全歯ための寸法までです。それ以上切り込んでしまうと、歯形が崩れてしまいます。ホブの送り方向にはブランクを下へ押し付けながら切削するダウンカット、ブランクを上へ押し上げながら切削するアップカットがあります。また、切削中はホブが発熱することがあるため切削油を与えるのが一般的ですが、切削油を用いないドライカット式もあります。

ホブ盤の回転とブランクの回転がきちんと一致するためには、この作業にはボブの直径やモジュール、また創成したい歯車の直径や歯数に応じた計算を行います。歯車の段取り換えにおいては、4～6枚のホブ盤歯車を交換する作業が必要になります。

要点BOX
- ●ホブ盤による歯車の加工
- ●ピニオンカッタとホブによる加工の違い
- ●切削中には切削油を与える

ホブとホブ盤による加工

ホブ

ホブ盤による加工

ピニオンカッタとホブによる加工の違い

被削歯車	ピニオンカッタ	ホブ
歯幅	小さいもの	大きいもの
種類	内歯車、段付歯車の歯切りに適している	内歯車や、段付き歯車の歯切りは特別の場合以外は不可能
精度	ピッチ誤差　大 歯形誤差　小 表面粗さ　小 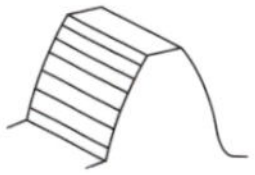 ピニオンカッタによる歯面	ピッチ誤差　小 歯形誤差　大 表面粗さ　大 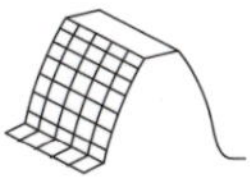 送り量 ホブ切り歯面
その他	再研削が容易	再研削でみぞ分割精度が必要
	重切削ができない	重切削が可能

59 創成法による歯切り（その3）

ウォームとウォームホイール

　ねじ歯車であるウォームとこれにかみ合うはすば歯車であるウォームホイールを組み合わせたものがウォームギヤです。一般的な歯車の場合、歯面を通して伝動することで効率が98～99％ありますが、ウォームとウォームホイールの場合には歯車のかみ合いが横に滑るように伝動させるため、効率は60～70％と低くなります。

　ウォームは歯車というよりねじに近い形状をしていますが、もちろんねじの基準であるピッチでなくモジュールが形の基準となります。

　一般的なねじの加工では、旋盤にねじ切りバイトを取り付けて加工を行います。ウォームの場合にもこれと同様の方法で、モジュールの大小に応じたウォーム切りバイトを用いて、歯車の切削を行います。このときウォーム切りバイトは軸方向に対して直角に当てて溝削りを行い、成形するウォームの圧力角はウォームのねじれ角によって変化します。なお、ウォームは旋盤のねじ切りダイヤルにおいて、親ねじと接触する部分などにも用いられています。

　もう1つの方法にはインボリュートの形状をしたインボリュートフライスを用いてフライス盤で加工をする方法があり、平歯車およびはすば歯車の歯切りに用いられます。フライスはウォームのねじれ角に応じて傾けて切削します。ここでの取り付け角度の誤差は圧力角のずれにつながるため、正しく取り付ける必要があります。

　ウォームホイールの加工にもホブ盤が多く用いられます。もちろん、かみ合いに必要なモジュールや圧力角などの大きさはウォーム側と等しくなるようにします。もう1つの方法は1枚のホブ形状の切り歯で切削を行うフライスカッタと呼ばれるものを用いる方法です。この方法は1枚ずつ加工するため生産性ではホブ盤にかないませんが、ホブより安価な刃物を用いているため、安価な加工ができます。

要点BOX

- ●ウォーム切りバイトによる加工
- ●インボリュートフライスによる加工
- ●ウォームホイールもホブ盤で加工

ウォームとウォームホイールの加工

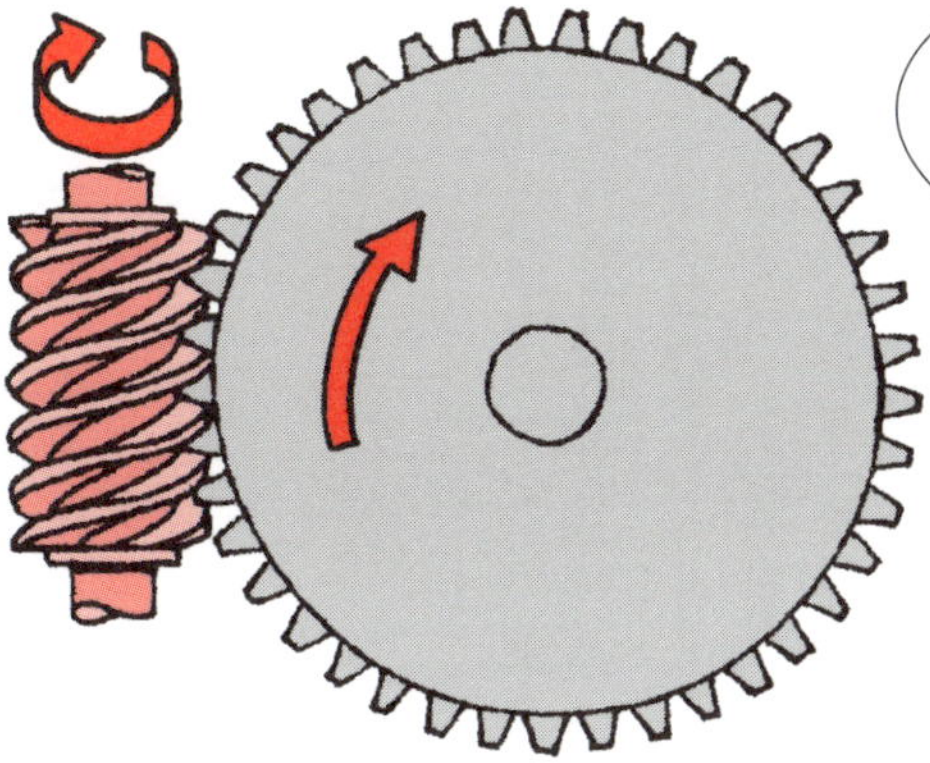

ウォームとウォームホイール

ウォーム切りバイト

インボリュートフライス

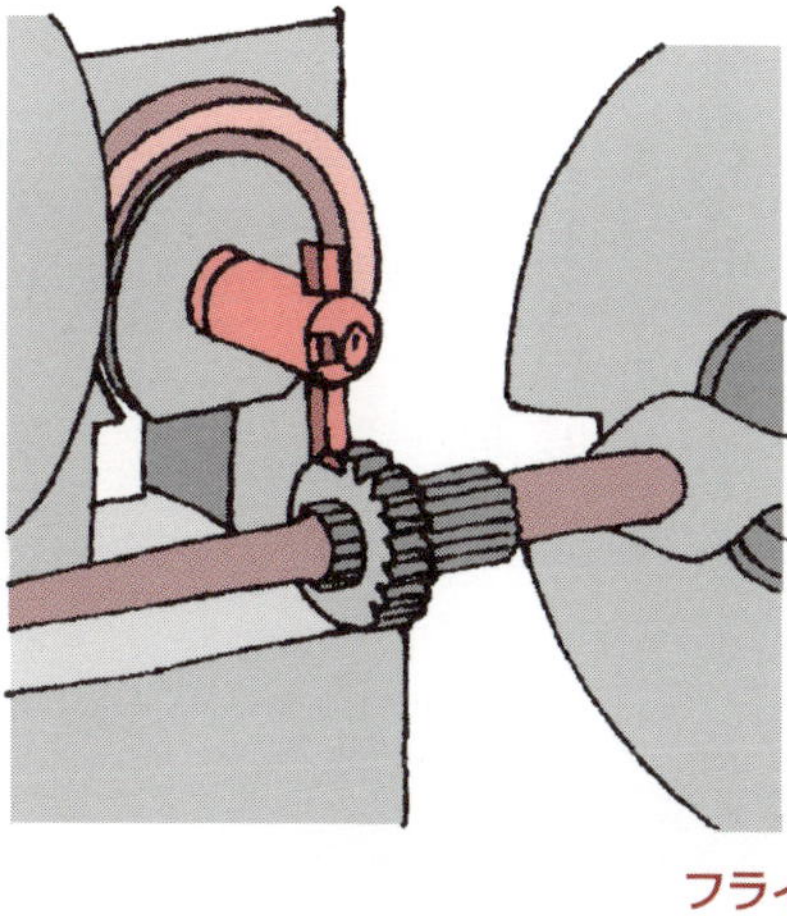

フライスカッタ

60 歯車工場の見学

ホブ盤による歯切り工場に潜入

実際にホブ盤を用いて歯切りを行っている工場見学をしてみましょう。この工場には歯切りを行うブランクが届きます。この段階で中心穴の加工やブランクの角を小さく斜めに削る面取りはすんでいます。次にこのブランクをホブ盤に取り付けますが、このとき生産性を向上させるため、小形の歯車の場合には1枚ずつではなく複数枚を一度に取り付けます。今回紹介する加工では一度に5枚のブランクを取り付け、途中でずれたりすることがないように上から大きな力を加えて固定します。

次に歯切りを行うモジュールに合った大きさのホブを選びます。ここでホブの歯を観察すると、ねじのように少しずつ歯がねじられて取り付けられていることがわかります。これがブランクに接触することで、少しずつ歯切りが行われていくことがイメージできます。

ホブの構造がわかったら、これをホブ盤に取り付け、適切な回転速度で動くように調整します。また、歯切りの際にはブランクの加熱を防ぐため、潤沢に切削油を流し続けます。

スタートボタンを押すと、ホブとブランクが回転をはじめるとともに、ホブは上下に移動を開始し、後は自動的に加工が進行します。歯切りは1枚ずつ完成していくのではなく、全体的に少しずつ形づくる創成法です。そして加工開始から5分ほどで加工は完了します。

切削加工ではどうしても上から下に刃物を動かして切削をした場合、材料の角にバリと呼ばれる出っ張りが出てしまうことがあります。これを加工後に人間が手作業で取り除くことはできるのですが、数が多いときには加工時間がかさみ、このことは加工賃にも影響することになります。そのため、このホブ盤にはバリが発生すると予想される部分にちょっとしたバリ取りナイフを取り付けて、バリが発生しない工夫が行われていました。

要点BOX
- ●ホブ盤による歯切りの実際
- ●小形歯車なら複数枚を一度に加工
- ●バリの発生を防ぐ工夫も

ホブ盤による歯切り加工

ブランク

ホブ盤（ブランクのセット前）

歯切り加工の実際

完成した歯車

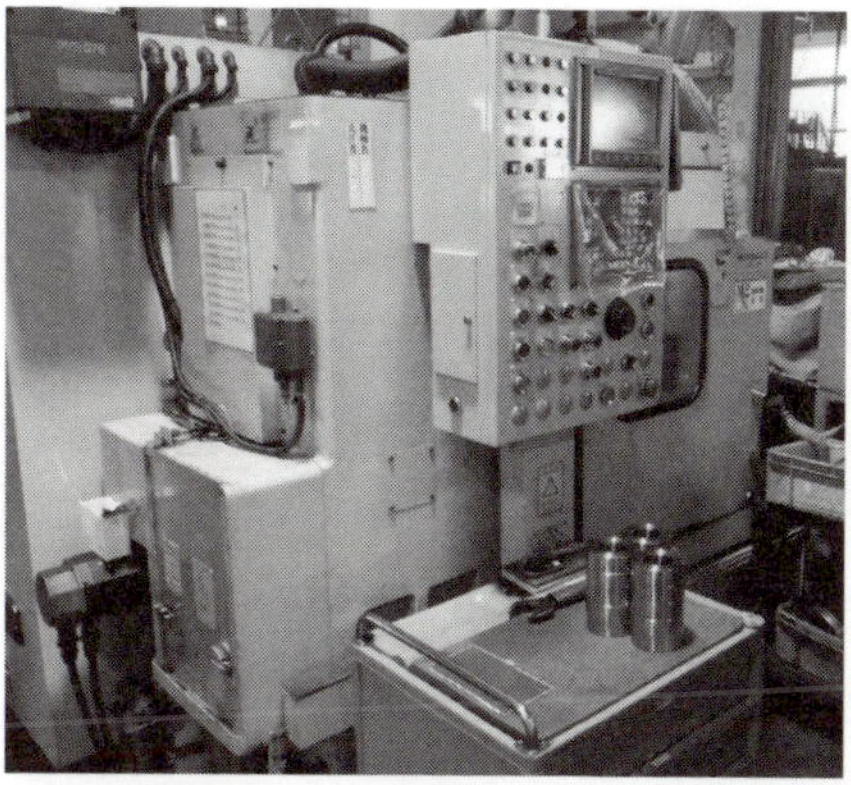

ホブ盤

（取材協力:株式会社シンコウギヤー
http://shinkou-gear.co.jp/index.html）

61 その他の歯車加工

ブローチ加工、プレス加工、焼結加工

ブローチと呼ばれる長尺の刃物をのこぎりのように工作物に接触させて、工作物の内側や表面を切削する加工法をブローチ加工といいます。ブローチ加工では歯車と軸を接合するためのキー溝、四角形や六角形などの多角形の溝の加工ができるとともに、内歯車や外歯車、スプライン、セレーションなどの加工もできます。

ブローチ加工を行う工作機械のことをブローチ盤といいます。仕上がり部分の寸法が加工に使用したブローチとほぼ同じとなるため、フライス盤や形削り盤などによる加工よりも高速で高精度な加工ができます。そのため、本来ならば大量生産にも適しているのですが、やや特殊な加工であるため専用のブローチ盤がそれほど出回っていません。

時計用や小形精密部品用の歯車には、工具の間に板材をはさみ、強い力を加えることで、素材を工具の形に成形するプレス加工が用いられます。一般には対となった工具のことを金型、加圧する機械のことをプレス機械といいます。歯車を成形するためには、製作したい歯車形状をした金型を準備する必要があります。金型の製作には手間がかかりますが、一度製作してしまえば大量生産が可能であるため生産性が向上します。近年では薄板だけでなく、厚みをもつ板材の歯車成形の例も登場しています。プレス加工は歯車形状に限らず、さまざまな工業製品の製造に用いられています。

金属粉を金型に入れてプレス成形をするとともに、金属の融点よりも低い温度で熱処理を行うことで、焼結体と呼ばれる緻密な製品を作る方法を焼結加工や粉末冶金といいます。これの加工法は切削加工やプレス加工と比較して、切りくずが発生しないため、材料の無駄がなく、寸法や品質が均一な加工ができます。また、成分についても必要な成分を粉末の状態で混ぜ合わせて成形することができます。

要点BOX
- ●内歯車加工ができるブローチ加工
- ●大量生産が可能なプレス加工
- ●金属粉を用いて歯車を作る焼結加工

ブローチ盤によるキー溝加工

長いブローチを上下に動かして、キー溝を削り出す

(取材協力:株式会社シンコウギヤー)

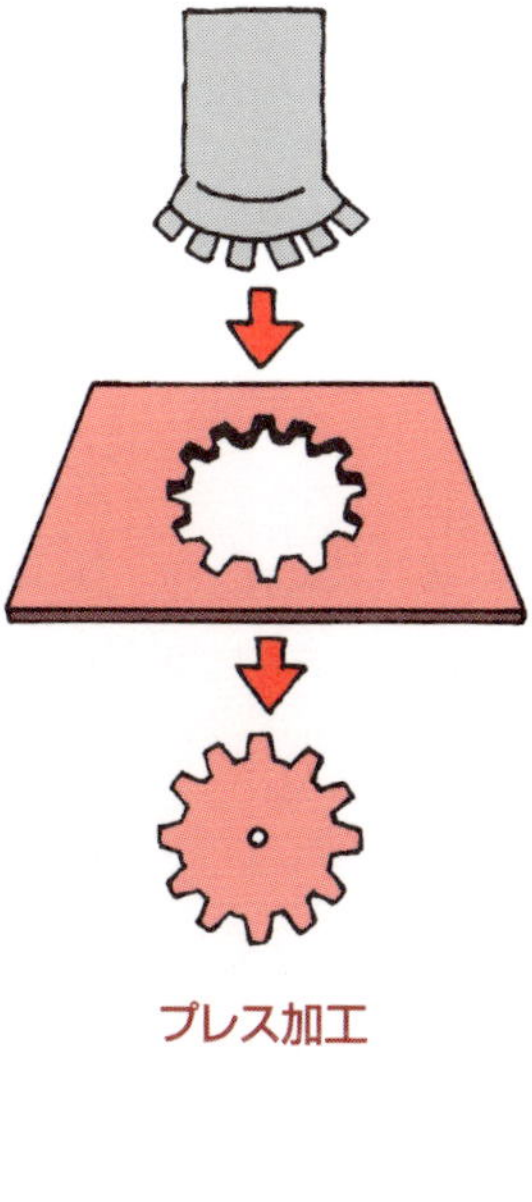

プレス加工

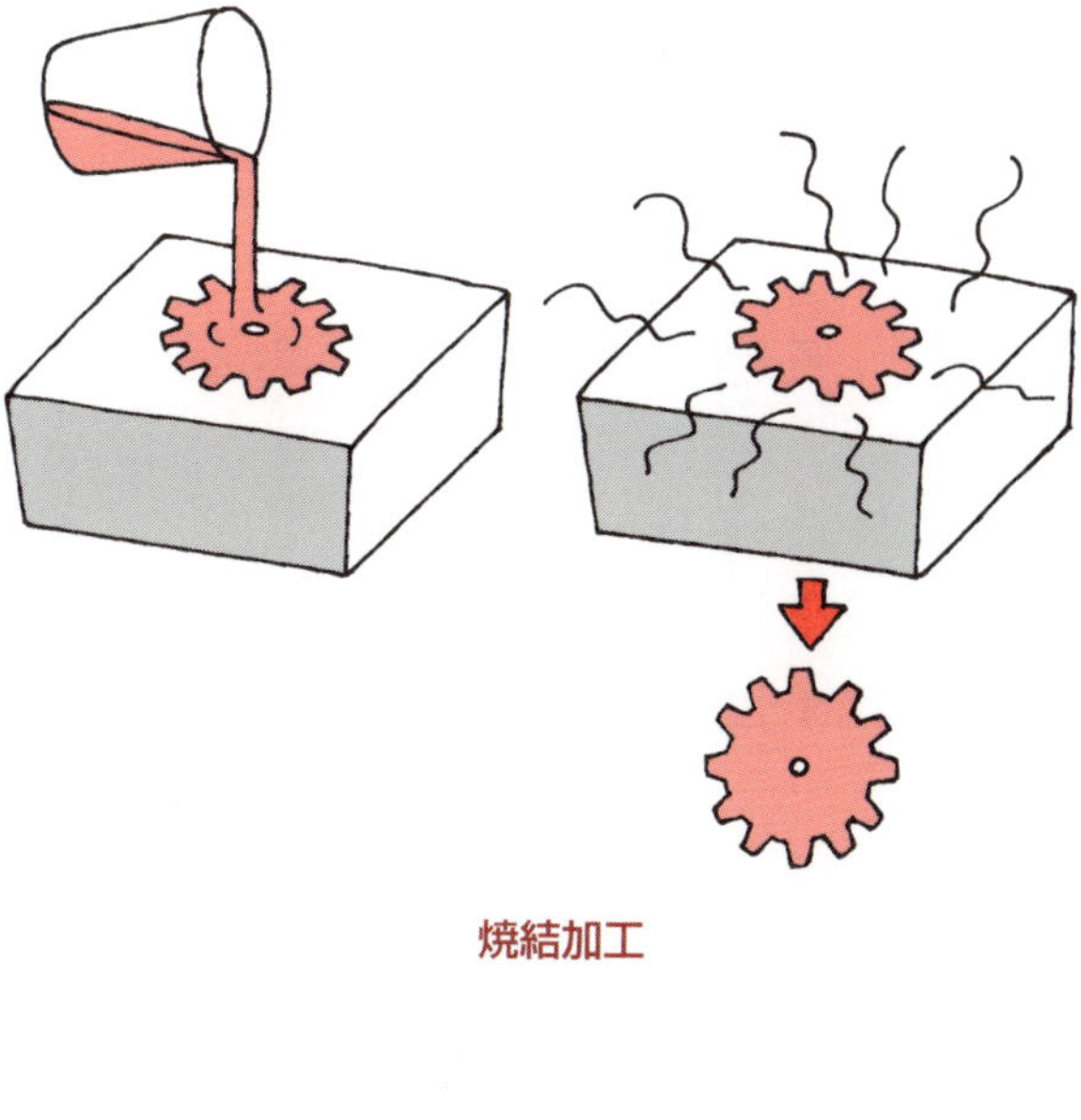

焼結加工

62 歯面の仕上げ

シェービングと歯車研削

歯切りが終わった歯面の精度を向上させて、歯面をより滑らかにするために、いくつかの方法で歯面の仕上げが行われます。

シェービングはカッタの歯面に多数の歯溝をもつシェービングカッタと呼ばれる工具を用いて歯面を仕上げる工作法です。シェービングカッタと工作物は歯車研削盤に取り付けられ、軸交差角を与えてかみ合わせて回転することによって生ずる滑り作用で歯車の歯面を仕上げます。一般的には小さな歯車の場合にはシェービングカッタ、大きな歯車の場合には歯車を駆動し、加工中は大量の切削油を使用します。なお、ひげそりのことをシェービングといいますが、これと同じ単語です。

歯車を砥石《といし》で研削する歯車研削には、歯切り工具と同じように、砥石で歯面を1枚ずつ研削する成形法と歯面を全体的に少しずつ研削する創成法があります。

創成法の代表は、1910年代にはじめて歯車研削盤を開発したマーグ社の製品です。マーク式は2枚の砥石で歯車を研削するものであり、高精度で歯車研削を行うことができるため幅広く用いられていましたが、研削に時間がかかるため、その後、他の方法も登場しました。

ライスハウエル社が開発した製品は砥石をウォーム状に成形したものであり、ライスハウエル式と呼ばれています。これは砥石をホブ盤のホブのように用いて歯面の研削を行うものであり、短時間に歯車研削が行えるため、大量生産の場面で幅広く用いられています。

ヘフラー社が開発した製品は1個の砥石を用い、歯筋方向に高速で往復しながら歯面に切り込み研削するものであり、ヘフラー式と呼ばれています。

要点BOX

- ●歯面を滑らかにするシェービングカッタ
- ●マーク式、ライスハウエル式、ヘフラー式
- ●いずれも砥石を使って研削

シェービングカッタによる歯面の仕上げ

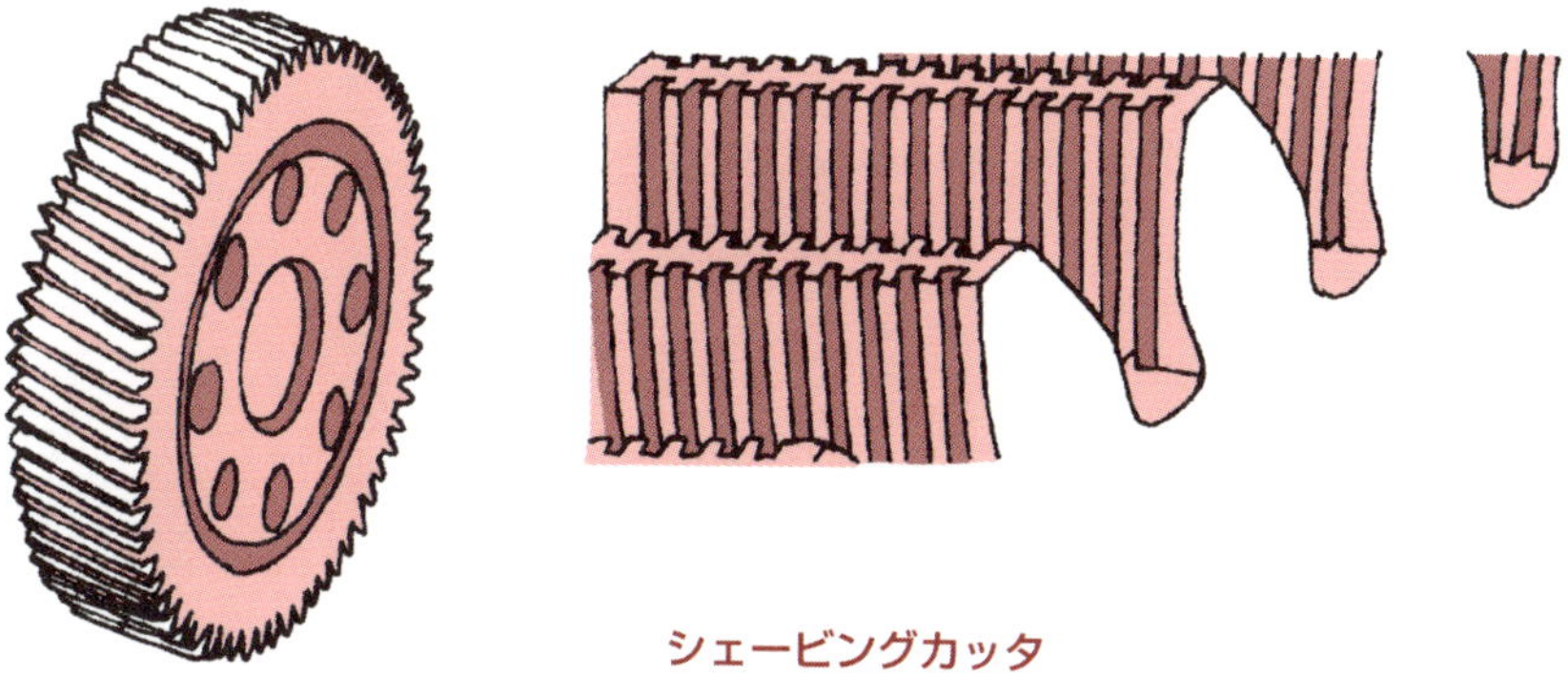

シェービングカッタ

シェービングカッタ
歯車素材

シェービング加工

上にあるのがシェービングカッタ、
下にあるのが歯車素材です
歯面を滑らかにします。

63 歯車の熱処理

金属を硬く、粘り強くするために

熱処理は材料を適当な温度と時間で加熱や冷却を行うことで、硬さや粘り強さなどの機械的性質を向上させるために行います。一般的に金属のもつ性質のうち「硬さ」と「粘り強さ」は相反することが多く、「硬いものは脆い」、すなわち、ボロっと砕けやすいのです。これでは困るため、さまざまな熱処理を施すことで材料に「硬くて粘り強い」性質を持たせます。

熱処理の基本には、焼ならし、焼なまし、焼入れ、焼戻しの4種類があります。ここでは鉄に炭素を含む炭素鋼の熱処理について説明します。熱処理の温度管理の詳細は省略しますが、鉄には温度の変化によって結晶の原子配列が変わるいくつかの変態点があり、これを基準として、加熱や冷却を行います。

焼きならしは、圧延や鍛造によって塑性変形を受けた不均一な状態の結晶粒の内部にあるひずみを軟化させて取り除き、組織を均一にするために行います。その操作は変態点以上に加熱して十分保持したのち、炉内での炉冷や大気中での空冷など、徐々に冷ます徐冷を行います。

焼なましは、同じく内部のひずみを取り除いたり、結晶粒を微細化して、炭素鋼の性質を改善するために行います。その操作は変態点以上に加熱して十分保持したのち、空冷を行います。

焼入れは、炭素鋼を硬化させて強度を向上させるために行います。その操作は、変態点以上に加熱して十分保持したのち、水や油に入れて急冷します。焼入れの冷却によりできる硬い組織をマルテンサイトといい、その硬さは加熱温度の違いによって異なります。

焼戻しは、焼入れにより得られた組織である硬くて脆いマルテンサイトを変態点以下の温度で長時間加熱保持することにより、粘り強さを回復させるために行います。その操作は変態点以下の適当な温度に再加熱して一定時間保持した後、水や油に入れて急冷します。

要点BOX
- ●熱処理で硬さや粘り強さを向上
- ●熱処理の基本4種類
- ●焼ならし、焼なまし、焼入れ、焼戻し

熱処理の目的

硬いものは、一般に脆い

▼

熱処理をほどこすことにより

▼

硬くて、粘り強いものに

軟化

鋼を 730℃以上に熱してゆっくり冷す

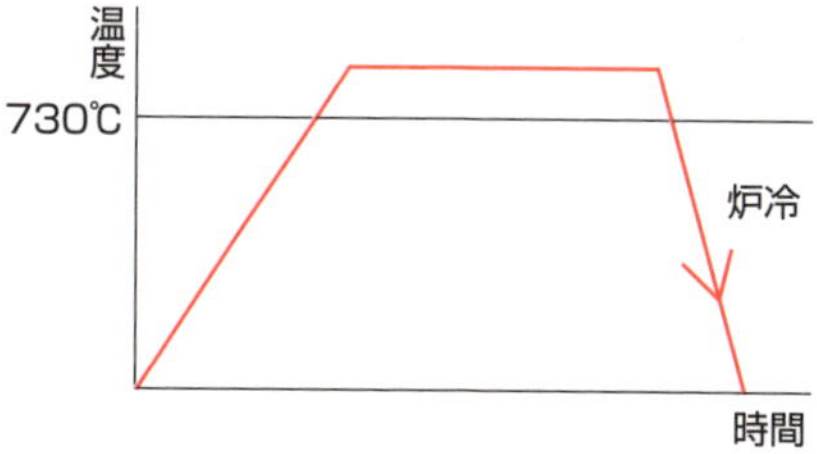

焼なまし

微細化

鋼を 730℃以上に熱して
徐々にさます

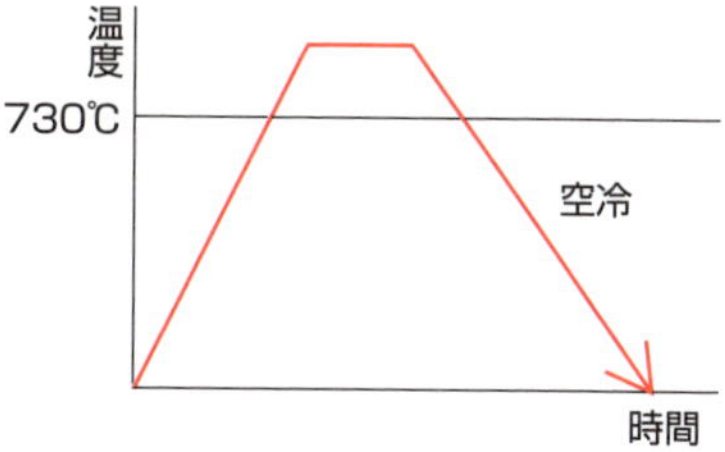

焼ならし

硬化

鋼を 730℃以上に熱して急冷する

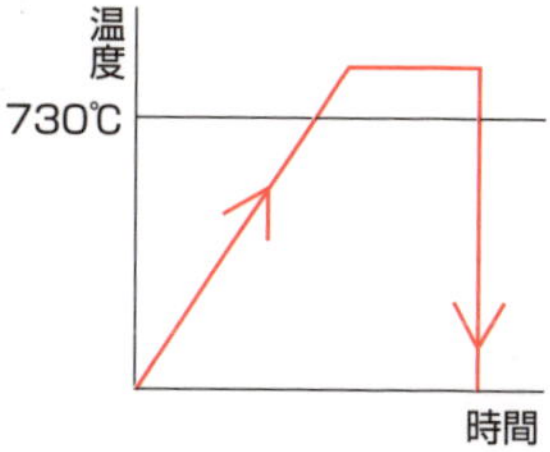

焼入れ

粘り強さ

鋼を 730℃以下に熱して急冷する。
焼戻し温度が低いほど鋼は硬くなる

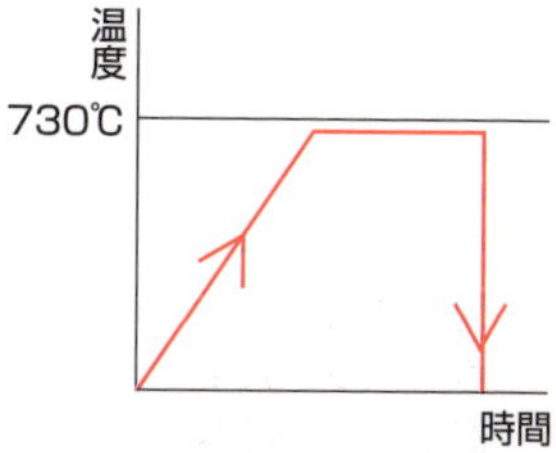

焼戻し

64 歯車の表面処理

歯面の浸炭と窒化

機械加工や研磨をすることなく、めっきや塗装など、材料表面の性質を高めるために行うものを表面処理といい、硬さや耐摩耗性、潤滑性、耐食性、耐酸化性、耐熱性、断熱性、絶縁性、密着性、装飾性や美観など、さまざまな性質をもたせることができます。

歯車や軸などは内部は粘り強く、かみ合い部では摩耗に耐えることが求められます。すなわち、歯車の各部分で異なる性質をもつ表面処理が必要になるのです。歯面の硬さのみを向上させて、耐摩耗性を向上させるためには、いくつかの方法があります。

浸炭は、炭素含有量が少ない鋼を高炭素の雰囲気中で加熱することで、歯車の表面に炭素を含ませる方法です。この処理により、歯車の表面のみを硬化させることができます。このとき歯車の内部は低炭素のままです。

浸炭の方法には、木炭やコークスを用いた固体浸炭法、青酸ソーダを用いた液体浸炭法などがありますが、いずれも有害物質を扱うという問題点があります。現在、主流となっているのは、メタンガスやプロパンガスなどのガスの中で浸炭を行うガス浸炭です。ガス浸炭では材料を焼入れして硬化させることによって鋼製部品の耐摩耗性や疲労強度を向上させることができるため、自動車部品をはじめとした各種機械部品に幅広く用いられています。

窒化は、アルミニウム、クロム、モリブデンなどを含んだ鋼をアンモニアまたは窒素を含んだ雰囲気中に置き、長時間の加熱によって鋼の表面近傍に窒素を浸透させて硬化させる方法です。表面に形成された窒化物の層のはたらきによって、材料表面の耐摩耗性や耐食性が向上します。浸炭よりも処理温度が低く、熱処理も不要で、材料の変形が少なく、環境面や安全衛生面で問題が少ないなどの特長があるため、自動車部品や建設機械部品などに幅広く用いられています。

要点BOX
- ●材料表面の性質を高める表面処理
- ●歯車の表面だけを硬化させる浸炭処理
- ●耐摩耗性を高める窒化処理

歯車の表面処理で材料表面の性質を高める

歯車は、内部は粘り強く、
かみ合い部では耐摩耗性が求められる

▼

元の材料が同じで、
そんなことができるだろうか？

▼

各種の表面処理で可能に！

浸炭

高炭素の雰囲気中で加熱し、炭素を含ませて
表面のみ硬化

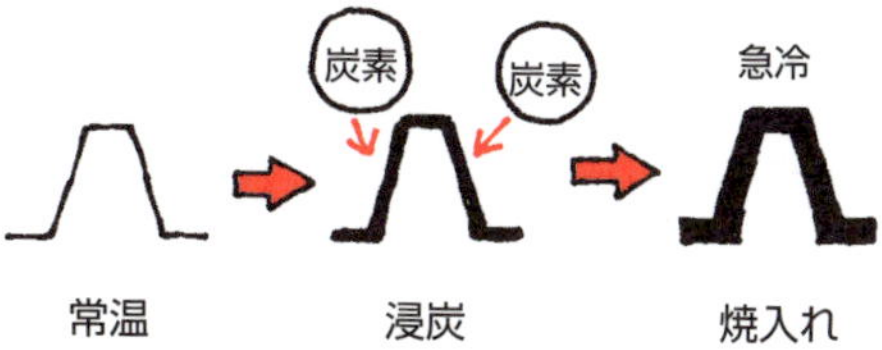

窒化

表面近傍に窒素を浸透させて硬化させる

浸炭よりも温度が低く、熱処理も不要

65 歯面の摩耗と損傷

さまざまな要因で発生

高速で大きな動力を伝達する使命をもつ歯車は常に過酷な環境下で動いています。そのため、場合によっては歯面に損傷が発生し、これが機械全体に大きな影響を及ぼすこともあります。

歯面の摩耗には、ごみや摩耗粉などが歯面間にはさまり、すべり方向に平行な筋がつく損傷であるアブレーシブ摩耗、荷重の増大や高速回転による温度上昇などにより油膜が切れ、金属面が溶着して引きさかれ、引っかき傷が生じる損傷であるスコーリング、歯形の狂いが原因となり、相手の歯先が歯元に強く当たり、ひどくえぐりとられる損傷である干渉、潤滑油中の酸や水分不純物の化学作用による損傷である腐食摩耗、歯面の疲れによる降伏が原因で歯の表面がフレーク状になってはがれる損傷である剥離、過大な荷重や速度、潤滑不足による異常摩擦がさらに進んで、高温のために変色や硬度低下が起こる変色などがあります。

歯車のかみ合い部分の歯面に圧力が加わると、その部分で加工硬化が起こり、硬化層がはがれおちることがあります。この現象をピッチングといい、これには使用後まもなく歯元に発生する初期ピッチングと初期運転期間を過ぎてからもピッチングが歯面に進行する破壊性ピッチングがあります。また、歯車の表面からでなく、歯の内部におけるせん断応力を起点として表面に向かってき裂が進展するものをスポーリングといい、最悪の場合、歯が折れる折損が起こることもあります。

その種類には、繰返し荷重によって小さなき裂が進行して発生する疲労破損、設計値を超えた荷重がはたらくことによって生じる過負荷破損、熱処理の不良部分から進行して生じる焼割れ、ひどいピッチングやポーリングなどの摩耗によって歯が弱くなって起こる折れ、不適当な加工研削による割れなどがあります。

要点BOX

- ●いろいろある歯車に生じる損傷
- ●歯面に生じる摩耗
- ●歯車の疲労による損傷

いろいろな歯面の損傷

(a) アブレーシブ摩耗

ごみや摩耗粉などが歯面間にはさまり、すべり方向に平行な筋がつく損傷

(b) スコーリング

油膜が切れ金属面が溶着して引きさかれ、引っかき傷が生じる損傷

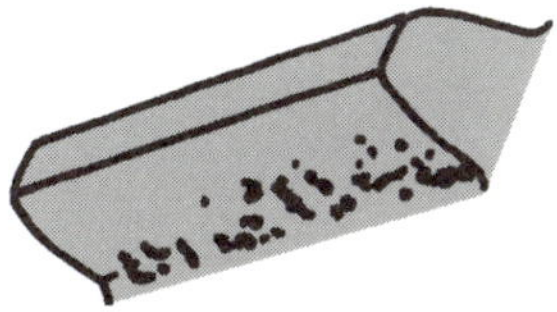

(c) 干渉

相手の歯先が歯元に強く当たりひどくえぐられる損傷

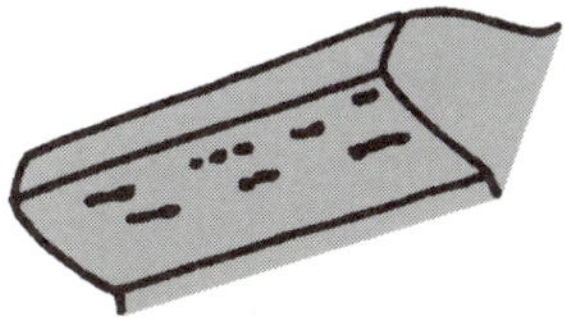

(d) 腐食摩耗

潤滑油中の酸や水分不純物の化学作用による損傷

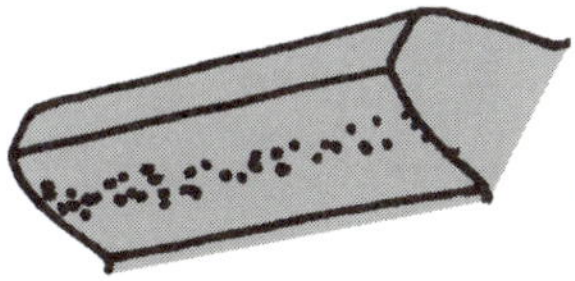

(e) 初期ピッチング

加工硬化により硬化層がはがれおちる現象で使用後まもなく歯元に発生

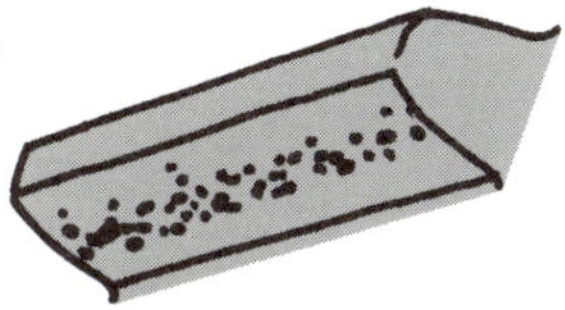

(f) 破壊性ピッチング

初期ピッチングが進行

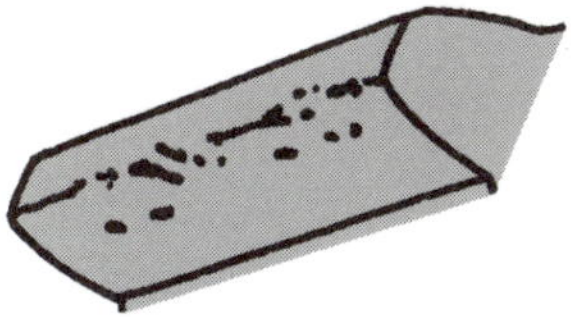

(g) スポーリング

歯の内部のせん断応力を起点として表面に向かってき裂が進展

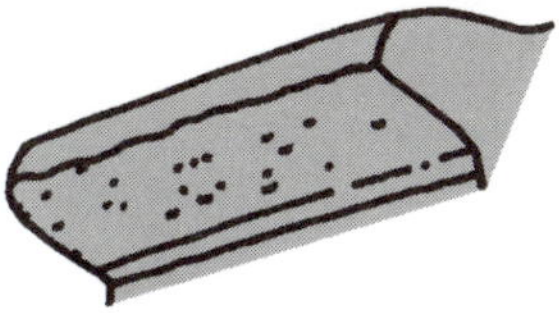

(h) 圧延降伏

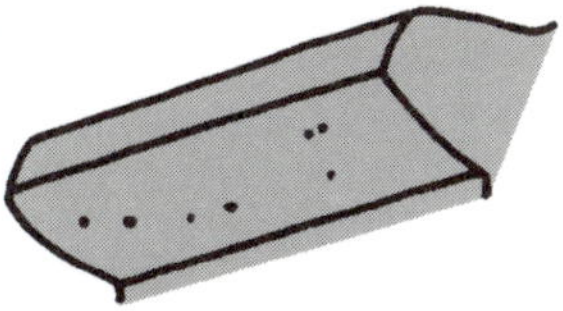

(i) りん降伏

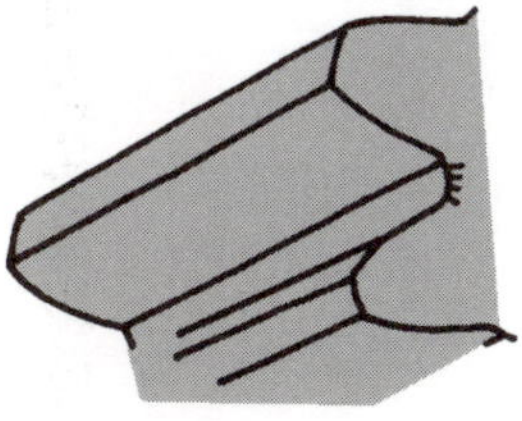

(j) 焼割れ

熱処理の不良部分から進行して生ずる

歯車の摩耗や損傷には
いろいろな種類が
ありますね。

66 歯車の精度

工作物の寸法は絶対的な1つの寸法で定義するのではなく、どのくらいの許容範囲の中におさまっているのかで表します。歯車の製作においても、どのくらいの精度で製作するのかが重要となります。

円筒歯車の精度等級に関してはＪＩＳ Ｂ １７０２に規定されており、第1部では歯車の歯面に関する誤差の定義および許容値、第2部では両歯面かみ合い誤差および歯溝の振れの定義並びに精度許容誤差、第3部では射出成形プラスチック歯車の歯面に関する誤差および両歯面かみ合い誤差の定義並びに精度許容値がまとめられています。

歯車の精度は、ピッチ誤差、歯形誤差、歯すじ誤差、片歯面かみ合い誤差などの項目について、最も高精度の0等級から最も低精度の12等級までの13段階の精度等級があります。

ここで、ピッチ誤差には、歯たけのほぼ中央付近で、歯車軸と同一の中心をもつ測定円周上で定義された軸直角平面での実際のピッチと対応する理論ピッチとの差である単一ピッチ誤差、歯車の全歯面領域での最大累積ピッチ誤差であり、累積ピッチ誤差曲線の全振幅で表される累積ピッチ誤差の2種類があります。全歯形誤差は、歯形検査範囲で実歯形を挟む2つの設計歯形線図間の距離、全歯すじ誤差は軸直角における基礎円接線方向に測定した、実際の歯すじの設計歯すじからの偏り量のことです。

精度等級はピッチ誤差の種類ごとに4つの表にまとめられており、数値と測定誤差との比較で評価します。たとえば、歯車の基準円直径が50ミリより大きく125ミリ以下のとき、モジュールは0・5ミリから25ミリまでの間で6段階に分類されており、モジュールが一番小さな0・5ミリ以上2ミリ以下の場合、単一ピッチ誤差の精度等級は最高精度の0等級では±0・9㎛、6等級では±7・5㎛、最も低精度の12等級では±61・0㎛となります。

歯車の精度等級は13段階

要点BOX
- 製作にあたって精度が重要
- 精度等級では13段階ありJISで規定
- ピッチ誤差、歯形誤差、歯筋誤差

歯車の誤差

・単一ピッチ誤差

隣り合った同じ側の歯面のピッチ円上における実際のピッチと、理論ピッチとの差のこと。

・累積ピッチ誤差

歯車全歯面領域での最大累積ピッチ誤差であり、累積ピッチ誤差曲線の全振幅で表現される。

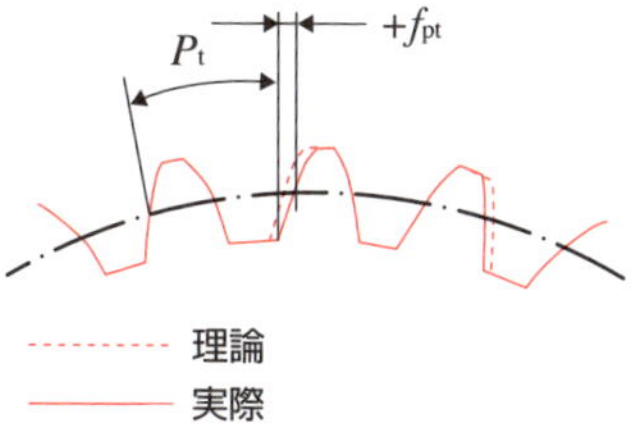

単一ピッチ誤差 f_{pt}

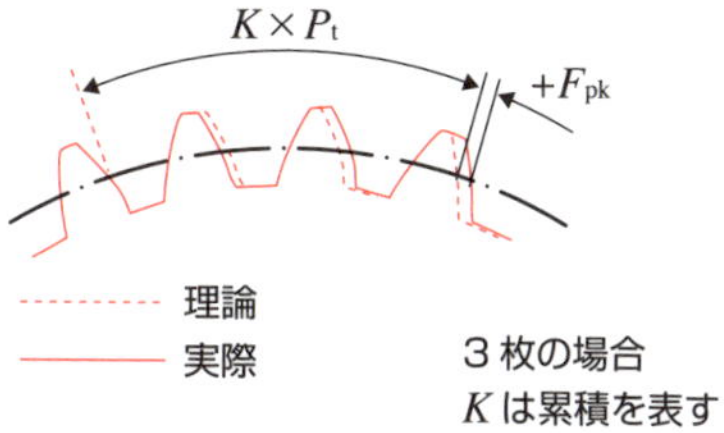

累積ピッチ誤差 F_p

・全歯形誤差

決められた歯形検査範囲で、実歯形を挟む設計歯形線図間の距離のこと。

・全歯すじ誤差

決められた歯すじ検査範囲で、実歯すじを挟む２つの設計歯すじ間の距離のこと。

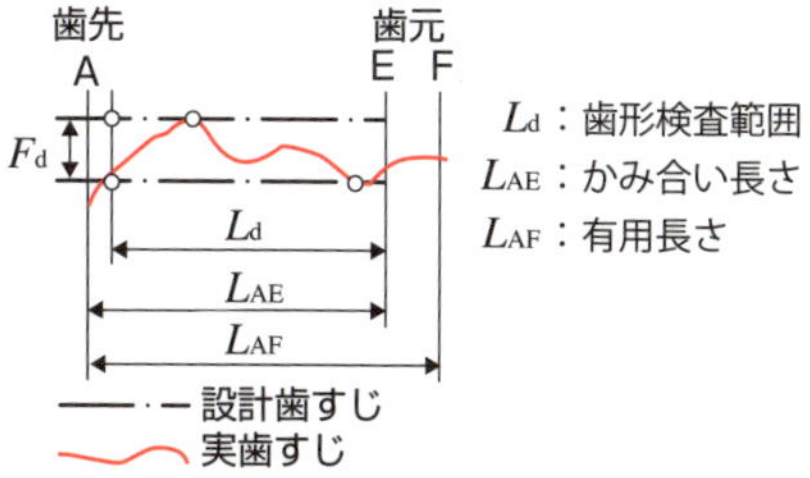

全歯形誤差 F_d

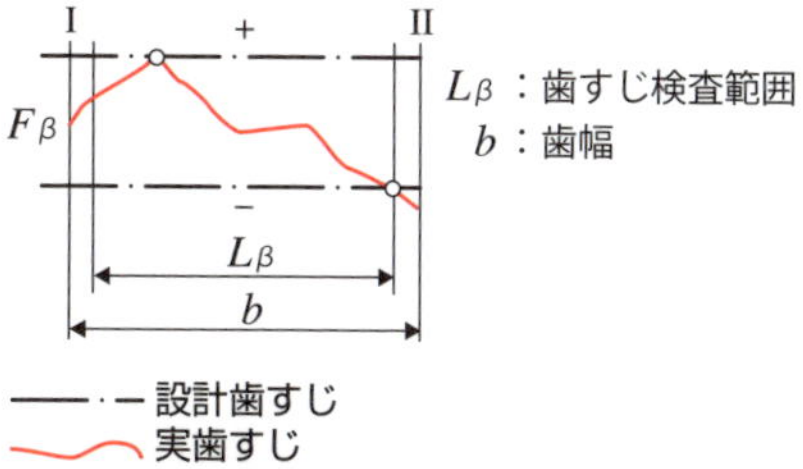

全歯すじ誤差 F_β

用語解説

μm：マイクロメートル。1 μmは0.001 ミリメートル

67 歯車の測定

歯厚マイクロメータや歯厚キャリパ

歯車の測定部分にはさまざまな箇所があり、それぞれに対応した計測器を用いて測定を行います。なお、測定は加工途中で行うものと加工終了後に行うものがあります。そして、歯切り加工中に実施される歯厚の測定法には、次の3種類があります。

平歯車やはすば歯車の測定に多く用いられるのが歯厚マイクロメータです。これは一般的なマイクロメータのスピンドルとアンビルの先に平行な平面をもつ円板状の測定子が取り付けられており、歯車を挟みやすい形状をしています。

またぎ法では、この歯厚マイクロメータを用いて、測定する歯数の枚数に応じた複数枚の歯数をまたいで測定します。測定においては、歯厚マイクロメータにより z 枚の歯をはさんでまたぎ歯数 n を求め、この値を歯車のモジュールや歯数、圧力角、転位係数などを含んだ式に代入してまたぎ歯厚 W を計算します。なお、はすば歯車の場合には歯に対して直角方向に歯厚マイクロメータをはさんでまたぎ歯厚を測定します。またぎ法は簡単な測定方法でありながら、測定精度も高いことから、多く用いられています。

キャリパ法はノギスを2つ合体させたような形状の歯厚キャリパを用いて、歯末の寸法 h_a を測定してから歯厚 S を測定する方法です。比較的大きな歯車の測定に用いられますが、精度はそれほど高くありません。

オーバピン法は、2つの小さなピンまたは球を歯溝に入れて外側の寸法を測定して歯厚を求めるものです。この測定法は特に内歯車の測定に適しています。

歯切り加工後の歯車はCNC歯車試験機などの歯車専用測定機を用いて、精度測定が行われます。CNC歯車試験機では、接触子が自動的に歯面に触れることで、平歯車やはすば歯車の歯車の歯形や歯筋、ピッチ、歯溝振れなどの精度測定ができます。その結果はコンピュータ画面上に表示され、歯車の精度等級が規定された等級に適しているかを調べます。

要点BOX
- ●歯車の測定個所はいろいろある
- ●加工中の測定と終了後の測定
- ●歯厚マイクロメータや歯厚キャリパを使用

歯厚マイクロメータによるまたぎ法

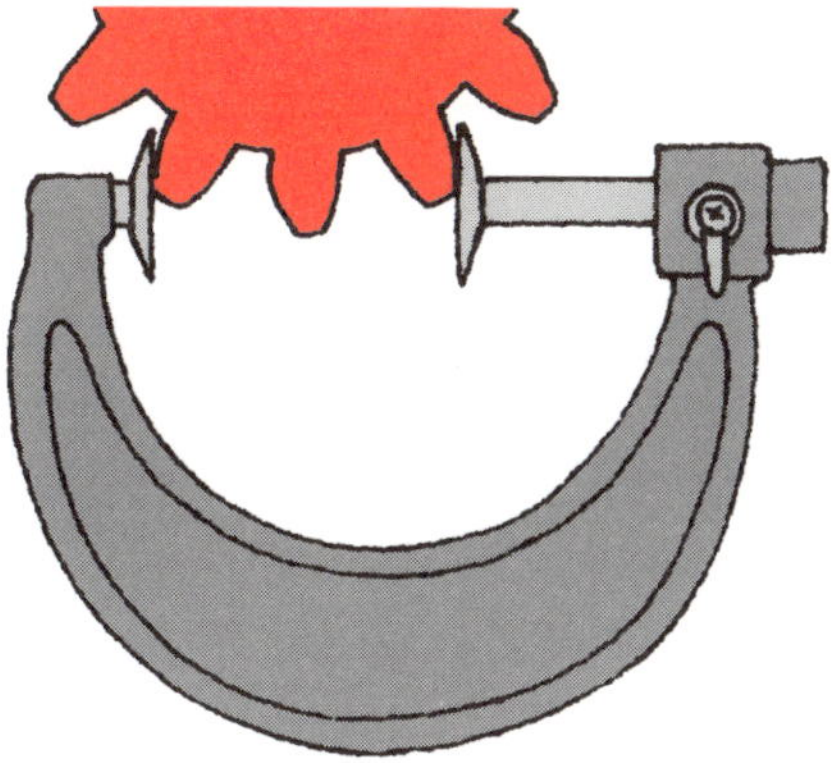

平歯車の測定

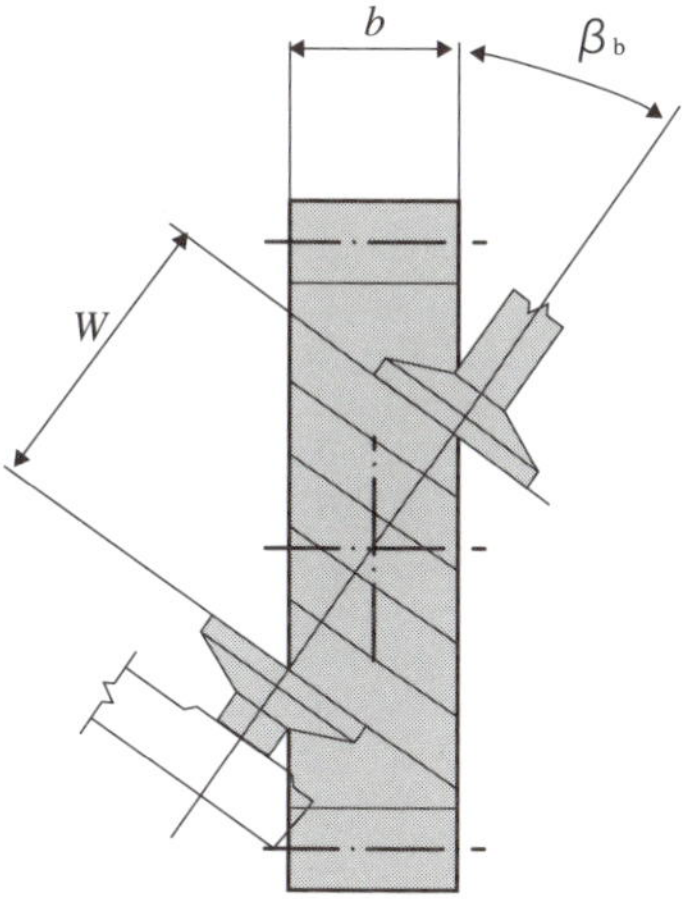

はすば歯車の測定

歯厚キャリパによるキャリパ法

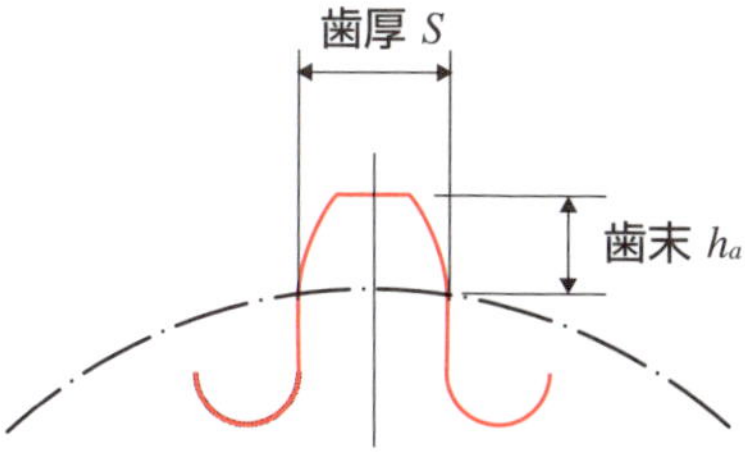

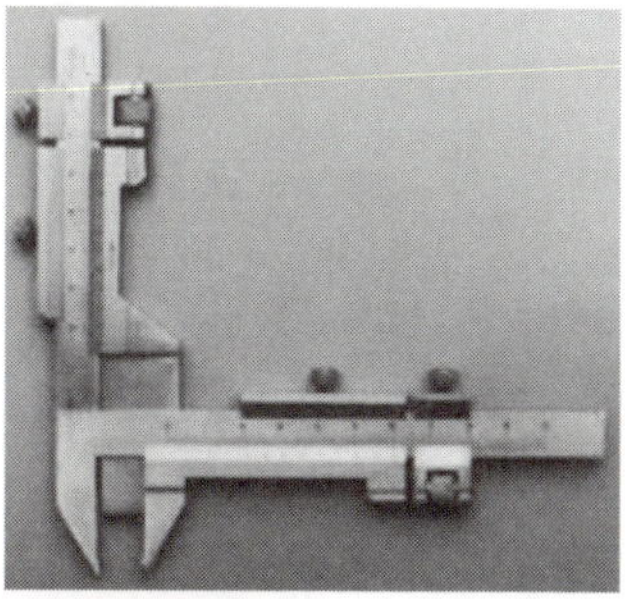

オーバピン法

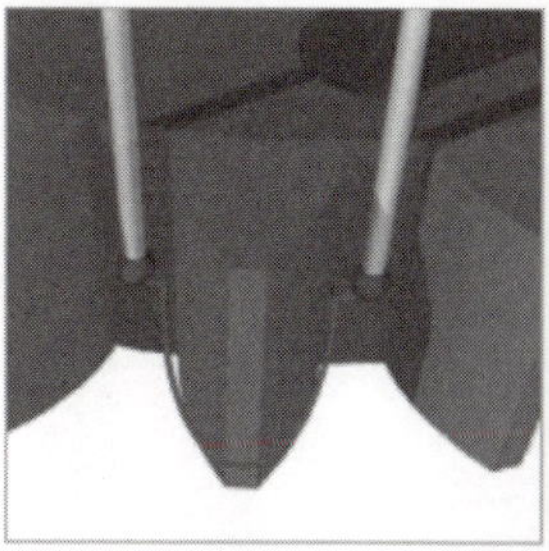

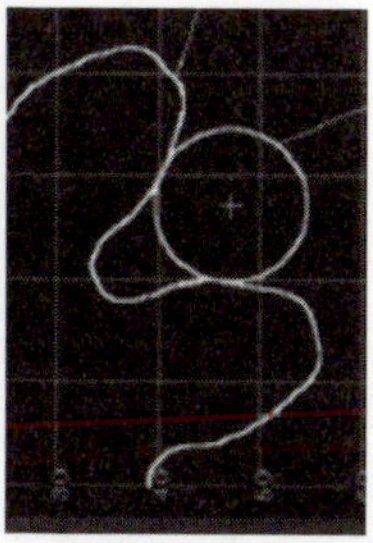

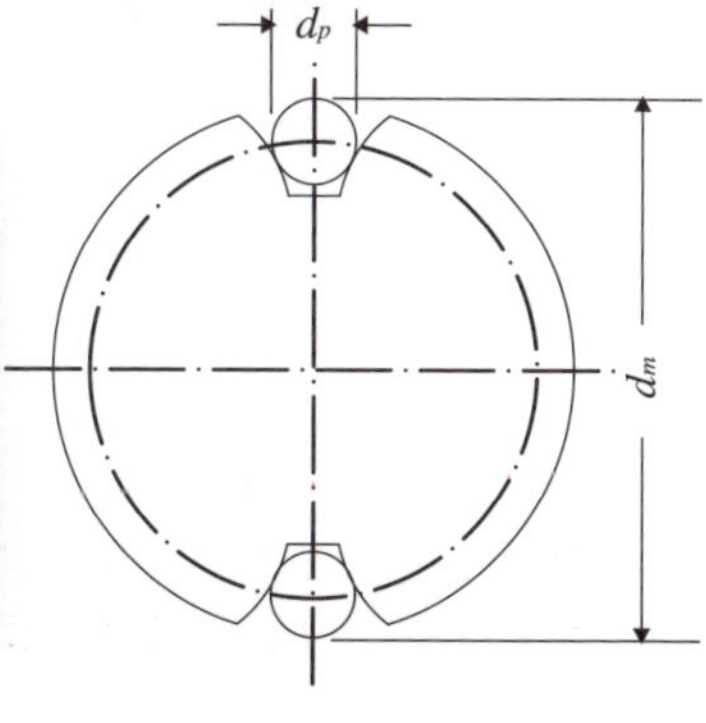

68 歯車の振動や騒音

振動や騒音の検出と分析

2枚の歯車がかみ合いながら動力を伝達するため、歯車伝動ではどうしても騒音や振動が発生します。この問題を解決するために、1950年代後半からさまざまな研究が進められていますが、まだ完全にすべての問題が解決されているわけではありません。

歯車のかみ合いにおける騒音や振動は歯車だけの問題ではなく、回転を伝動する軸を含めた系で考える必要があります。ここでは振動や騒音が発生するメカニズムを工学的に考えてみます。

平歯車がかみ合っている場合、軸には回転を伝達するときに発生する回転振動と軸の曲げ振動である横振動がはたらきます。また、歯車を滑らかに無理なく回転させるためのバックラッシは必要ですが、この影響でガタが発生してしまいます。歯車は回転円板であるため、不釣り合いによる振動やジャイロ効果が発生する可能性があります。また、歯は同時に一対がかみ合っているのではなく、二対のかみ合いの状態とを交互に繰り返しており、これが振動や騒音の原因の1つになります。

これらを解決するためには、歯車をモデル化して、騒音と潤滑や歯形誤差の関係、歯のかみ合いによる振動や騒音の関係、歯車軸の曲げやねじりによる振動、はすば歯車や遊星歯車などの振動、歯車の異常検出など、さまざまな研究が進められてきました。

歯車の騒音や振動の問題は歯形だけでなく、歯車の中心軸の位置がずれていたり、質量の偏心やトルクの変動によっても引き起こされます。一般に歯のねじれ角が大きいはすば歯車は振動や騒音が小さいとされていますが、同時にかみ合う歯数は増加するため、歯形誤差の影響を受けやすくなります。歯車の騒音は空気中を伝播するため、騒音が空間的にどのように分布しているのかについて、空気の流れなどを調べた研究や騒音の周波数を測定することで歯車の異常を検出するような研究もあります。

要点BOX
- ●歯車の騒音・振動のメカニズム
- ●歯車だけでなく軸を含めて考える
- ●かみ合いの周波数を測定して異常を検出

歯車の振動・騒音

歯車伝動ではどうしても騒音や振動が発生する

その原因は？
歯車の製作誤差や組付け誤差、 歯車の歯や軸、軸受、歯車箱などの弾性変形による

▼

これらの誤差や弾性変形がない場合でも、歯車の回転に伴い
同時にかみ合う歯の対の数は周期的に変化するため、振動が発生する

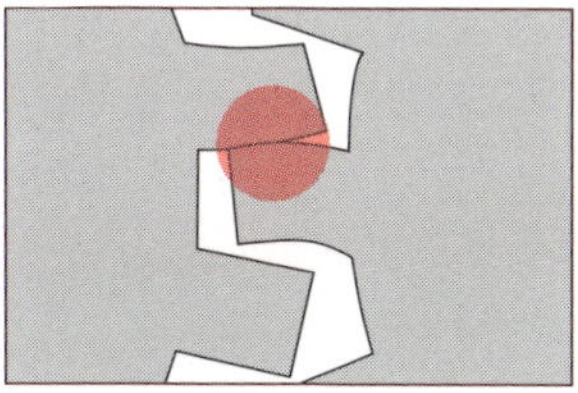

たわみが大きい
一対のかみ合いでは
たわみが大きい

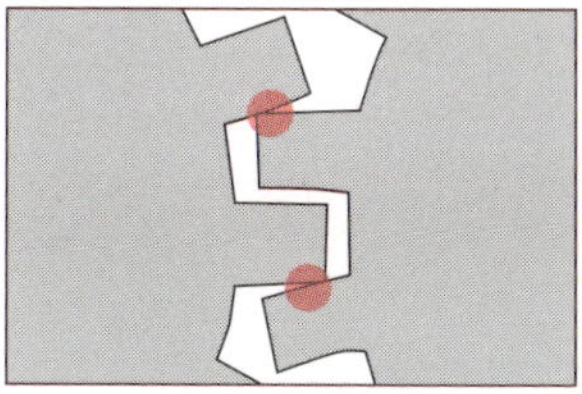

たわみが小さい
二対のかみ合いでは
たわみが小さい

▼

これが繰り返されることで振動が発生

解決するために

低周波の振動波形

高周波（自由振動）の振動波形

かみ合いの周波数を測定して異常を検出する

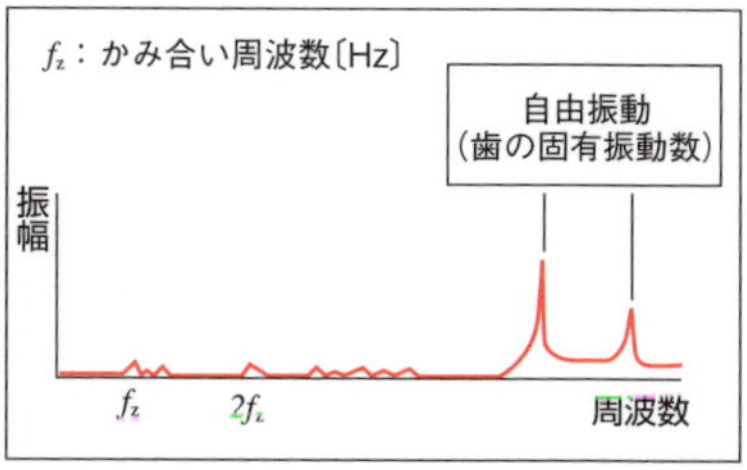

歯車に摩耗や軸の偏心などがあると振幅が増幅される

Column

レーザ加工による歯車成形

レーザ加工機はレーザ光を利用して、材料の切削や彫刻を行う工作機械です。ソフトウェア上で歯車を描くことができれば、容易に歯車を成形することができ、便利です。写真では厚さ2ミリのアクリル板を用いた加工の様子を紹介しています。

オープンソースで開発されている画像編集ソフトウェアであるインクスケープには、歯の枚数、円ピッチ、圧力角を入力することで歯車の形を描く機能があり、便利です。

ダウンロードは、http://inkscape.org/から。

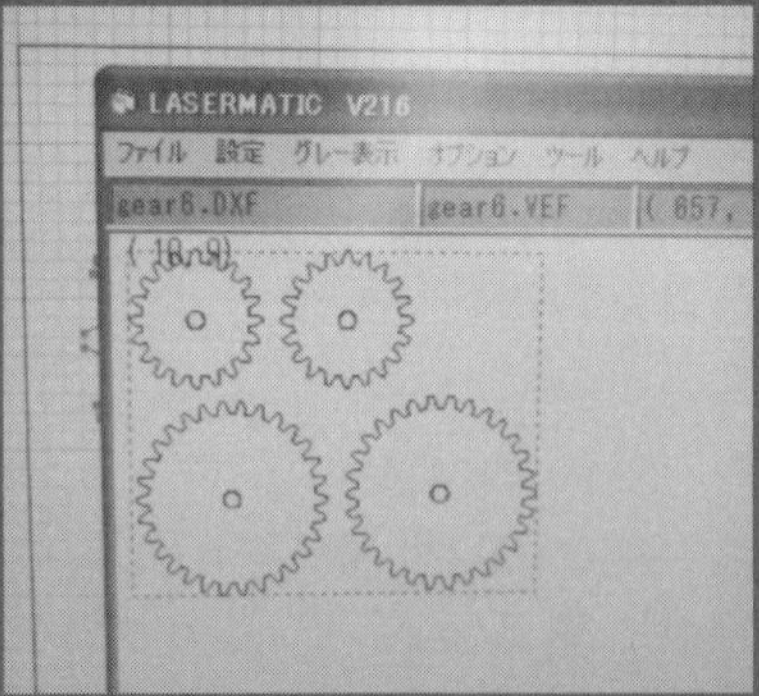

CADで歯車を描く

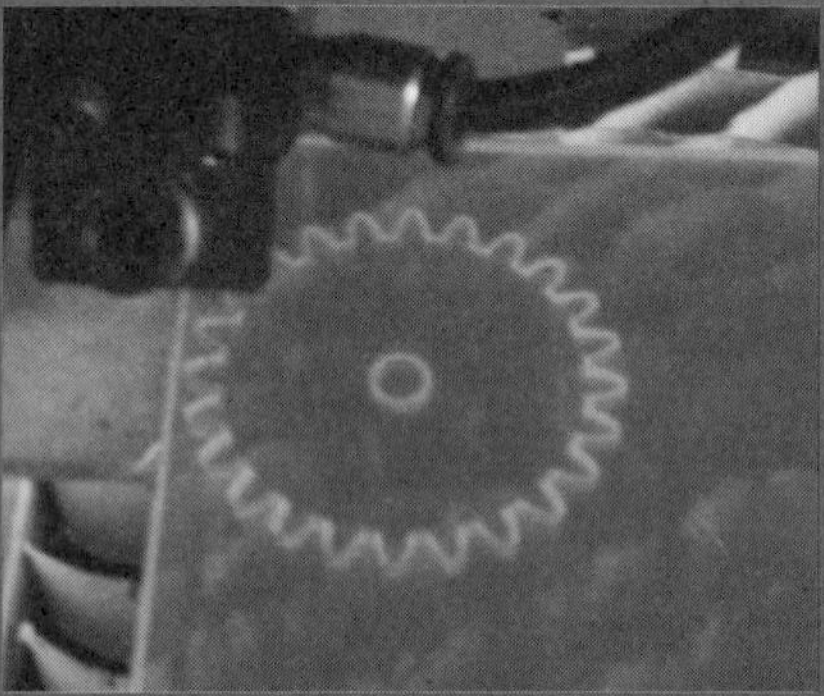
レーザ加工中の様子

中心に軸を通して歯車をかみ合わせる

【参考文献】

「絵とき『機械要素』基礎のきそ」門田和雄著、日刊工業新聞社
「ココからはじめる機械要素」門田和雄著、日刊工業新聞社
「絵とき『歯車』基礎のきそ」根本良三、日刊工業新聞社
「よくわかる歯車のできるまで」坂本卓、日刊工業新聞社
「ＪＩＳハンドブック　機械要素　２０１１」日本規格協会
「歯車の技術史」会田俊夫、開発社

索引

英・ア

カ

サ

●著者略歴
門田和雄(かどた　かずお)

神奈川工科大学教授

東京学芸大学教育学部技術科卒業
東京学芸大学大学院教育学研究科
修士課程(技術教育専攻)修了
東京工業大学大学院総合理工学研究科
博士課程(メカノマイクロ工学専攻)修了
博士(工学)

●主な著書
『絵とき「ねじ」基礎のきそ』
『絵とき「機械要素」基礎のきそ』
『絵とき「ロボット工学」基礎のきそ』
『絵とき機械用語事典(機械要素編)』
『トコトンやさしい「ねじ」の本』
『トコトンやさしい「制御」の本』
(以上, 日刊工業新聞社)

『基礎から学ぶ機械工学』
『基礎から学ぶ機械設計』
『基礎から学ぶ機械工作』
『基礎から学ぶ機械製図』
(以上, SBクリエイティブ サイエンスアイ新書)

など多数

今日からモノ知りシリーズ
トコトンやさしい
歯車の本

NDC 531

2013年 4月24日　初版1刷発行
2025年 1月24日　初版8刷発行

発行者　井水 治博
発行所　日刊工業新聞社
東京都中央区日本橋小網町14-1
(郵便番号103-8548)
電話　書籍編集部　03(5644)7490
販売・管理部　03(5644)7403
FAX　03(5644)7400
振替口座　00190-2-186076
URL　https://pub.nikkan.co.jp/
e-mail　info_shuppan@nikkan.tech
企画・編集　エム編集事務所
印刷・製本　新日本印刷(株)

●DESIGN STAFF
AD――――――志岐滋行
表紙イラスト―――黒崎　玄
本文イラスト―――小島サエキチ
ブック・デザイン――大山陽子
(志岐デザイン事務所)

●
落丁・乱丁本はお取り替えいたします。
2013 Printed in Japan
ISBN　978-4-526-07063-1　C3034